石油教材出版基金资助项目

石油高职院校特色教材

石油化工流体输送单元操作

付梅莉　蒋定建　主编

石 油 工 业 出 版 社

内 容 提 要

本书是国家示范高职院校建设石油化工生产技术专业核心课程重点建设的教材之一，也是2009年国家精品课程《石油化工流体输送单元操作》的特色教材。本书以工作任务为中心整合理论与实践，充分体现了"工学结合"、"项目化"教学过程，实现理论与实践的一体化。全书共分四个学习情境，每个学习情境参照石化企业流体输送工作过程给出学习工作任务单、学习情境实施计划、学习情境引导文、学材、学习情境考核评价。

本书可作为高等职业院校、中等职业学校石油化工相关专业的教材，可供从事石油化工生产的专业技术人员、生产操作工及管理人员参考使用，也可作为企业员工的培训教材。

图书在版编目(CIP)数据

石油化工流体输送单元操作/付梅莉，蒋定建主编．
北京：石油工业出版社，2010.6
ISBN 978-7-5021-7674-7

Ⅰ．石…
Ⅱ．①付…②蒋…
Ⅲ．石油化工-流体输送-化工单元操作-高等学校：技术学校-教材
Ⅳ．TQ022.1

中国版本图书馆CIP数据核字(2010)第034077号

出版发行：石油工业出版社
(北京安定门外安华里2区1号　100011)
网　址：www.petropub.com.cn
编辑部：(010)64523574　发行部：(010)64523620
经　销：全国新华书店
排　版：北京乘设伟业科技有限公司
印　刷：北京中石油彩色印刷有限责任公司

2010年6月第1版　2013年8月第2次印刷
787×1092毫米　开本：1/16　印张：11.75
字数：269千字

定价：20.00元

前　言

根据国家示范高职院校建设任务要求，为了落实石油化工生产技术专业高技能人才培养目标，深化“工学结合”人才培养模式，推进课程建设与改革，我们召开了实践专家研讨会，依靠行业技术专家和企业能工巧匠，采用头脑风暴法，分析企业生产经营活动、职业岗位群典型工作任务，根据相应的专业能力、方法能力及社会能力的要求，运用教学论的基本原理进行加工，将企业中实际工作任务转化为学习型工作任务。并依照职业成长和认知规律，以能力为本位，以工作过程为导向，进行典型工作任务到学习领域的配置转换，确定需要开设的课程门类（学习领域），以工作过程的展开顺序为主要依据，并兼顾教学规律，重构了“工学结合”专业核心课程体系。

《石油化工流体输送单元操作》教材是国家示范高职院校建设石油化工生产技术专业核心课程重点建设的教材之一，也是2009年国家精品课程《石油化工流体输送单元操作》的特色教材。本教材编写按照高等职业教育石油化工生产技术专业人才培养目标和专业教学标准，内容上紧密结合生产实际。本书系统性、知识性、实用性、可读性和趣味性强，简明扼要，通俗易懂，可作为高等职业院校、中等职业学校石油化工相关专业教材，可供从事石油化工生产的专业技术人员、生产操作工及管理人员参考使用，也可作为企业员工的培训教材。全部内容教学时数约为90学时。

本书具有如下特点：

（1）内容针对岗位需要。课程内容由原来的学科知识体系转变为依据工作过程导向的岗位能力培养所需要应知和应会的内容，与职业资格取证合理融通，结合企业的技术发展趋势，以培养学生可迁移的岗位综合职业素质为目的进行设置。

（2）知识结构科学合理。本书体现高等职业教育石油化工生产技术专业改革和课程建设最新成果，紧密结合石化企业职业技能鉴定和高职教育的教学特点、学生实际情况，基于工作过程确定教材内容框架，以企业实际生产使用的不同流体输送设备操作为项目载体，进行教材体系的重构，确定项目及工作任务。按照专业课程目标和涵盖的工作任务要求，确定课程内容和要求，说明学生应获得的知识、技能与态度。以工作任务为中心整合理论与实践，充分体现了“工学结合”、“项目化”教学过程，实现理论与实践的一体化。

（3）体例编排体现“教学做”一体。每个学习情境参照石化企业流体输送工作过程给出学习工作任务单、学习情境实施计划、学习情境引导文、学材、学习情境考核评价等内容。按照先实训（实际操作）再总结相关知识，给出实训的编排体例，利于实现“教学做”一体。

本书由克拉玛依职业技术学院付梅莉、蒋定建主编，付梅莉策划并审阅了全书。在本书的编写过程中，独山子石化公司许磊、张林杰、张启军、徐凯军和天利实业股份有限公司高任鹏等企业技术人员参加了部分内容的编写，并为本书的编写提供了大量的资料。

本教材的编写工作得到北京东方仿真软件技术有限公司、克拉玛依职业技术学院王和院长的大力支持与协助，在此表示诚挚的谢意。

由于编者水平有限，书中不妥之处在所难免，敬请读者批评指正。

编　者

2010年1月

目　　录

学习情境一　化工管路的拆装

能力目标：

- 能根据生产任务合理设计管路，正确绘制配管图；
- 能识别管件、阀门及仪表实物；
- 能根据管路布置图安装化工管路，并能对安装的管路进行试漏、拆卸；
- 会使用连续性方程进行流量、流速计算，能估算管子的直径；
- 会判断及排除管子及阀门常见故障；
- 能熟练使用劳动工具并穿戴劳保用品；
- 能进行操作评价，并书写报告。

知识目标：

- 了解化工管路的分类，管路的基本构成；
- 掌握化工管路中管件、阀门的种类、规格、连接方法；
- 熟悉化工管路与机泵拆装常用工具的种类及使用方法；
- 掌握化工生产中流体输送的方法，管径的估算，化工管路的布置、安装原则；
- 掌握管路连接、拆卸的原理。

素质目标：

- 具有吃苦耐劳、爱岗敬业的职业意识；
- 树立踏实工作、安全第一的职业意识；
- 培养发现问题、解决问题的能力；
- 培养自我评价和评价他人的能力；
- 具有环境意识、社会责任感、参与意识。

一、学习工作任务单

<table>
<tr><td colspan="4">学习情境一:化工管路的拆装</td></tr>
<tr><td>学习小组</td><td></td><td>指导教师</td><td></td></tr>
<tr><td colspan="4">工作任务描述:
通过教师提供的参考书、教学课件、音像资料、自己查阅的参考资料,在教师的指导下能完成化工管路中管件、阀门等相关知识的学习,通过管路拆装实际操作及检修等实操训练,培养学生分析和解决化工生产过程中管路拆装常见实际问题的能力</td></tr>
<tr><td colspan="4">具体工作任务:
(1)获得相关资料与信息:
① 化工管路的基本构成及连接方法;② 化工仪表的识别及安装基础知识;③ 化工设备机械基础知识;④ 劳动工具的确定及使用;⑤ 消防安全器具的使用方法。
(2)根据相关信息制定、修改和确定工作实施方案。
(3)按照工作计划完成专业知识学习:学会化工管路的装配、检漏、拆卸,对异常工况进行分析与处理。
(4)对每一个已完成的工作步骤进行记录和归档,并完成工作报告的编写。
(5)讨论、总结、反思学习过程,撰写技术报告,各小组汇报学习体会,实现学习迁移。
(6)提交工作报告、工作记录、小组评分单、个人考核单、小组工作总结,材料归档、整理</td></tr>
<tr><td colspan="4">学习条件:
(1)多媒体教室;
(2)化工流体输送单元操作实训室;
(3)校外实训基地;
(4)图片、课件、音像资料、教学录像、网站资源等;
(5)学习情境、任务单、实施方案、工作记录表、考核单</td></tr>
</table>

二、学习情境实施计划

<table>
<tr><td colspan="2">学习情境一:化工管路的拆装</td><td colspan="2">课时:16 学时</td></tr>
<tr><td colspan="2">授课班级:</td><td>教学学期:</td><td>授课教师:</td></tr>
<tr><td colspan="2">授课地点:校内实训基地</td><td colspan="2">授课时间:</td></tr>
<tr><td rowspan="3">学习过程设计</td><td colspan="3">学习情境描述:
根据本项目工作任务单要求详细计划每一个工作过程和步骤,以小组为单位制定一份完成工作任务的实施方案,任务完成后撰写一份工作报告。
本项目所针对的工作内容主要是对化工管路进行拆装操作训练,具体包括:化工生产中管路安装的方法、管路的布置与安装、管路的基本拆装技术、化工管路的故障诊断的实际操作及检修等能力,培养学生分析和解决化工生产过程中管路拆装常见实际问题的能力</td></tr>
<tr><td colspan="3">项目目标
(1)能力目标:
① 能根据生产任务合理设计管路,正确绘制配管图;
② 能识别管件、阀门及仪表实物;
③ 能根据管路布置图安装化工管路,并能对安装的管路进行试漏、拆卸;
④ 会使用连续性方程进行流量、流速计算,能估算管子的直径;
⑤ 会判断及排除管子及阀门常见故障;
⑥ 能熟练使用劳动工具并穿戴劳保用品;
⑦ 能进行操作评价,并书写报告。
(2)知识目标:
① 了解化工管路的分类,管路的基本构成;
② 掌握化工管路中管件、阀门的种类、规格、连接方法;
③ 熟悉化工管路与机泵拆装常用工具的种类及使用方法;
④ 掌握化工生产中流体输送的方法,管径的估算,化工管路的布置、安装原则;
⑤ 掌握管路连接、拆卸的原理。
(3)素质目标:
① 具有吃苦耐劳、爱岗敬业的职业意识;
② 树立踏实工作、安全第一的职业意识;
③ 培养发现问题、解决问题的能力;
④ 培养自我评价和评价他人的能力;
⑤ 具有环境意识、社会责任感、参与意识</td></tr>
<tr><td colspan="3">具体工作任务的设置:
(1)能识别常用的管件、阀门及测量仪表;
(2)获得管件、阀门及测量仪表的选用和安装的基本知识;
(3)会使用常用的劳动工具;
(4)按照工作计划完成专业知识学习,学会管路的拆装操作技能,并能采用正确的检漏方法,及时发现渗漏处;
(5)对每一个已完成的工作步骤进行记录和归档,并提交工作报告</td></tr>
</table>

续表

<table>
<tr>
<td rowspan="5">学习过程设计</td>
<td colspan="3">专业技术内容：
(1)常用工具、量具、器具的认识；
(2)管件、阀门及测量仪表的安装和选用基本知识；
(3)管路设计基础知识；
(4)管路安装的操作技能；
(5)管路试压的操作步骤；
(6)管路检漏的方法和操作步骤；
(7)管路拆装的原则和方法</td>
<td colspan="2">教学论与方法论建议：
项目教学法、四阶段教学法、“教学做”一体法</td>
</tr>
<tr>
<td colspan="5">教学条件与资源：
(1)多媒体教室(有可上网查阅资料的计算机工作台)；
(2)校内流体输送操作实训室(配置多种型号的管件、阀门及仪表实物，劳动必需的工具和材料，劳保用品)；
(3)校外实训基地(泵房)；
(4)实施计划、工作任务单、工作记录表、考核单、图片、课件、音像资料、网络资源、教材与参考资料</td>
</tr>
<tr>
<td colspan="5">学习小组的行动阶段：</td>
</tr>
<tr>
<td>步骤</td>
<td>内容</td>
<td>教学进程</td>
<td>方法、媒介与环境</td>
<td>教学地点</td>
</tr>
<tr>
<td>资讯</td>
<td>(1)老师根据课程标准，下达化工管路的拆装工作任务；
(2)学生从工作任务中分析完成工作的必要信息；
(3)熟悉常用工具、量具、器具；掌握化工仪表识别、安装基础知识，化工设备机械基础知识，化工管路拆装的工作流程</td>
<td>2 学时</td>
<td>(1)查阅文献资料；
(2)课堂对话；
(3)教师指导</td>
<td>校内流体输送操作实训室、图书馆、多媒体教室(有可上网查阅资料的计算机工作台)</td>
</tr>
<tr>
<td></td>
<td>计划</td>
<td>(1)学生 6 人一组，讨论并制定完成工作任务的实施方案；
(2)教师考查学生制做的方案，学生听取教师的建议，对方案做出修改，此阶段由教师和学生共同完成</td>
<td>2 学时</td>
<td>(1)以小组为单位，制定完成工作任务的实施方案；
(2)课堂分组；
(3)教师指导</td>
<td>(1)多媒体教室(有可上网查阅资料的计算机工作台)；
(2)校内流体输送操作实训室(配置多种型号的管件、阀门及仪表实物，劳动必需的工具和材料，劳保用品)；
(3)校外实训基地</td>
</tr>
</table>

续表

<table>
<tr><td rowspan="6">学习过程设计</td><td colspan="5">学习小组的行动阶段：</td></tr>
<tr><td>步骤</td><td>内容</td><td>教学进程</td><td>方法、媒介与环境</td><td>教学地点</td></tr>
<tr><td>决策</td><td>每组汇报各自的实施方案，教师组织大家听取各组的实施方案，分析实施方案的可行性，对于存在的问题提出意见或建议，确定成果提交方式</td><td>2 学时</td><td>(1)讨论方案，对每组方案进行答辩；
(2)教师指导</td><td>(1)多媒体教室；
(2)校内流体输送操作实训室(配置多种型号的管件、阀门及仪表实物，劳动必需的工具和材料，劳保用品)</td></tr>
<tr><td>实施</td><td>学生以小组的形式在学习工作任务单的引导下，完成专业知识学习，学会化工管路的装配、检漏、拆卸，对异常工况进行分析与处理</td><td>8 学时</td><td>(1)在教师指导下合理运用获取的信息资料；
(2)咨询老师和工人师傅；
(2)在教师指导下完成基本技能训练</td><td>(1)多媒体教室；
(2)校内流体输送操作实训室(配置多种型号的管件、阀门及仪表实物，劳动必需的工具和材料，劳保用品)；
(3)校外实训基地</td></tr>
<tr><td>评估</td><td>(1)学生的工作状态；
(2)工作任务的完成情况；
(3)新技术、新知识的掌握情况</td><td>1 学时</td><td>(1)讨论；
(2)教师监督；
(3)教师对操作过程评分；
(4)学生反思工作过程并在小组中交流</td><td>校内流体输送操作实训室</td></tr>
<tr><td>检查</td><td>(1)是否完成学习任务；
(2)所装配的管路是否有渗漏的地方，能否及时发现问题；
(3)工作过程中是否受到阻碍；
(4)团队合作是否协调；
(5)学习迁移是否实现；
(6)工作报告是否完整</td><td>1 学时</td><td>(1)课堂讨论；
(2)学生评价；
(3)小组评价；
(4)教师评价</td><td>校内流体输送操作实训室</td></tr>
<tr><td colspan="6">课后分析：</td></tr>
</table>

三、学习情境引导文

工　作　单	化工管路的拆装		
任　　务	化工管路的拆装		
学习情境一	化工管路的拆装	学习领域二	石油化工流体输送单元操作
班　　级		姓　　名	
学习小组		工作时间	16 学时

任务描述

通过本情境的学习,要求学员做到:

(1)能说出化工管路的分类、管路的基本构成;

(2)能判断化工管路中管件、阀门的种类、规格、连接方法;

(3)会使用化工管路与机泵拆装常用工具;

(4)能根据生产任务合理设计管路,正确绘制配管图;

(5)能根据管路布置图安装化工管路,并能对安装的管路进行试漏、拆卸;

(6)会使用连续性方程进行流量、流速计算,能估算管子的直径;

(7)会判断及排除管路常见故障

引导文

【基础知识的认知】

(1)简述管路的分类及组成。

(2)简述下面常见阀门的名称、结构特点和用途。

续表

(3)说说下面最基本管件的名称及用途。 
(4)简述化工管路布置与安装的一般要求。
(5)简述化工管路安装、拆卸顺序。
(6)管路的连接方法有哪几种？各有什么规定(要求)？

续表

(7)简答常见管件及阀门、流量计的安装要求。
(8)化工管路拆装会用到哪些工具?
(9)对管路如何进行试漏、试压?
【拓展能力训练】
(1)为什么流体在管内要选择适宜的流速?如何选择?
(2)如果检查出管路渗漏或密封性不好,应如何操作?
(3)你是否知道管路中各仪表如何读数?设备的日常检查维护项目及要求有哪些?

续表

(4)根据实训过程编制实训操作规程。
(5)结合自己的学习认识过程,对学习情境给予其他说明,列写出你们小组可以提出的其他问题。
(6)小组讨论并设计本小组的学习评价表,相互评价,给出小组成员的得分。
(7)对任务、学习的其他说明或建议:
指导教师评语:
任务完成人签字: 年　月　日 指导教师签字: 年　月　日

四、学材

化工生产中所处理的物料大多为流体(包括液体和气体)。为了满足工艺条件的要求,保证生产的连续进行,需要把流体从一个设备输送至另一个设备。实现这一过程要借助管路和输送机械。管路在化工生产中就相当于人体的血管,流体输送机械相当于人的心脏,其作用非常重要。因此,了解管路的构成、确定输送管路的直径、学会合理布置和安装管路非常重要。

(一)支撑知识

1. 化工管路的标准化

化工管路标准化是为了简化管子、管件与阀门的品种规格,便于成批生产,使得同一直径的管子与管件、阀门均能实现相互连接,具有互通性、互换性,以满足设计、安装、维护、检修工作需要。化工管路标准化的主要内容是统一管子、管件与阀门的主要参数与结构尺寸,其中最重要的内容是直径和压力的标准化、系列化,即公称直径系列和公称压力系列。

1)公称直径

根据生产实践需要,按照一定的科学规律人为地规定一系列标准直径,称为公称直径。公称直径以往也称为通径或名义直径,以符号 *DN* 表示,其后附加公称直径的尺寸,单价为 mm。例如,*DN*100,即表示公称直径为 100mm 的管子及其管件、阀门等。优先选用的公称直径数值可查 GB/T 1047—2005。

由于管子规格大多以外径为标准,而管子的内径随管壁的厚度不同而略有差异,例如,外径为 57mm、壁厚度为 3.5mm 和外径为 57mm、壁厚为 5mm 的无缝钢管,都称为公称直径为 50mm 的钢管,但它们的内径分别为 50mm 和 47mm。而对于管路的各种附件和阀门的公称直径,一般都等于它们的实际内径。

2)公称压力

与公称直径一样,根据生产实践需要,按照一定的科学规律人为地规定一系列标准压力,称为公称压力,以符号 *PN* 表示,其后附加公称压力的数值,单位为 MPa。例如,*PN*4.0 表示公称压力为 4.0MPa 的管子及其元件。

公称压力的数值一般是指管内工作介质温度在 0 ~ 120℃ 范围内的最高允许工作压力。管路的最大工作压力应等于或小于公称压力。由于管材的机械强度因温度的升高而下降,所以最大工作压力亦随介质温度升高而减小。

根据公称直径及公称压力,可以确定管子、阀门、管件、法兰、垫片的结构尺寸和连接尺寸。另外根据公称压力还可以按有关标准来确定管路的连接结构形式并选择合适的密封材料等。

2. 管路的分类

化工生产过程中的管路通常以是否分出支管来分类,见表 1 - 1。

表1-1　管路的分类

类　　型		结　　构
简单管路	单一管路	单一管路是指直径不变、无分支的管路,如图1-1(a)所示
	串联管路	虽无分支但管径多变的管路,如图1-1(b)所示
复杂管路	分支管路	流体由总管分流到几个分支,各分支出口不同,如图1-2(a)所示
	并联管路	并联管路中,分支最终又汇合到总管,如图1-2(b)所示

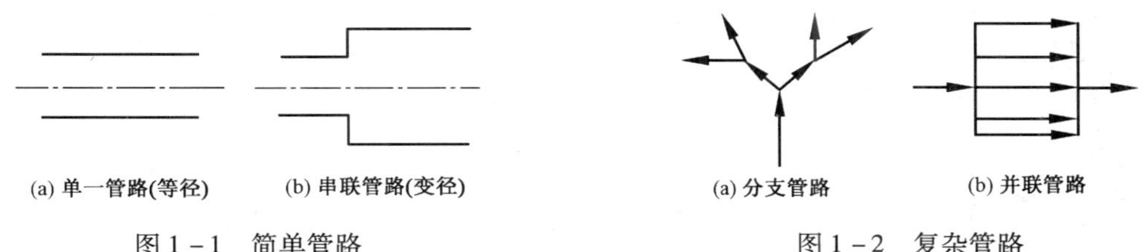

图1-1　简单管路　　　　图1-2　复杂管路

对于重要管路系统,如全厂或大型车间的动力管线(包括蒸汽、煤气、上水及其他循环管道等),一般均应按并联管路铺设,以有利于提高能量的综合利用、减少因局部故障所造成的影响。

3. 管路的基本构成

管路是由管子、管件和阀门等按一定的排列方式构成,也包括一些附属于管路的管架、管卡、管撑等辅件。由于生产中输送的流体是各种各样的,输送条件与输送量也各不相同,因此,管路也必然是各不相同的。工程上为了避免混乱,方便制造与使用,实现了管路的标准化(见附录三)。书后附录三摘录了部分管材的规格。

管子是管路的主体,由于生产系统中的物料和所处工艺条件各不相同,所以用于连接设备和输送物料的管子除需满足强度和通过能力的要求外,还必须耐温、耐压、耐腐蚀以及导热等性能要求。根据所输送物料的性质(如腐蚀性、易燃性、易爆性等)和操作条件(如温度、压力等)来选择合适的管材,是化工生产中经常遇到的问题之一。

1)化工管材

管材通常按制造管子所使用的材料来进行分类,可分为金属管、非金属管和复合管,其中以金属管占绝大部分。复合管指的是金属与非金属两种材料组成的管子,最常见的化工管材见表1-2。

表1-2　常见的化工管材

种类及名称			结构特点	用　　途
金属管	钢管	有缝钢管	有缝钢管是用低碳钢焊接而成的钢管,又称为焊接管。易于加工制造、价格低。主要有水管和煤气管,分镀锌管和黑铁管(不镀锌管)两种	目前主要用于输送水、蒸汽、煤气、腐蚀性低的液体和压缩空气等。因为有缝钢管有焊缝而不适宜在0.8MPa(表压)以上的压力条件下使用

续表

种类及名称			结构特点	用途
金属管	钢管	无缝钢管	无缝钢管是用棒料钢材经穿孔热轧或冷拔制成的,它没有接缝。用于制造无缝钢管的材料主要有普通碳钢、优质碳钢、低合金钢、不锈钢和耐热铬钢等。无缝钢管的特点是质地均匀、强度高、管壁薄,少数特殊用途的无缝钢管壁厚也可以很厚	无缝钢管能在各种压力和温度下输送流体,广泛用于输送高压、有毒、易燃易爆和强腐蚀性流体等
	铸铁管		有普通铸铁管和硅铸铁管。铸铁管价廉而耐腐蚀,但强度低,气密性也差,不能用于输送有压力的蒸汽、爆炸性及有毒性气体等	一般作为埋在地下的给水总管、煤气管及污水管等,也可以用来输送碱液及浓硫酸等
	有色金属管	铜管与黄铜管	由紫铜或黄铜制成。导热性好,延展性好,易于弯曲成型	适用于制造换热器的管子;用于油压系统、润滑系统来输送有压液体。铜管还适用于低温管路,黄铜管在海水管路中也得到广泛使用
		铅管	铅管因抗腐蚀性好,能抗硫酸及浓度为10%以下的盐酸,其最高工作温度是413K。由于铅管机械强度差、性软而笨重,导热能力小,目前正被合金管及塑料管所取代	主要用于硫酸及稀盐酸的输送,但不适用于浓盐酸、硝酸和乙酸的输送
		铝管	铝管有较好的耐酸性,其耐酸性主要由其纯度决定,但耐碱性差	铝管广泛用于输送浓硫酸、浓硝酸、甲酸和醋酸等。小直径铝管可以代替铜管来输送有压流体。当温度超过433K时,铝管不宜在较高的压力下使用
非金属管			非金属管是用各种非金属材料制铅管成的管子的总称,主要有陶瓷管、水泥管、玻璃管、塑料管和橡胶管等。塑料管的用途越来越广,很多原来用金属管的场合逐渐被塑料管所代替	

2)管件

管件是用来连接管子以达到延长管路、改变管路方向或直径、分支、合流或封闭管路附件的总称。最基本的管件如图1－3所示,其用途有如下几种:

(1)用以改变流向:90°弯头、45°弯头、180°回弯头等;

(2)用以堵截管路:管帽、丝堵(堵头)、盲板等;

(3)用以连接支管:三通、四通,有时三通也用来改变流向,多余的一个通道接头用管帽或盲板封上,在需要时打开再连接一条分支管;

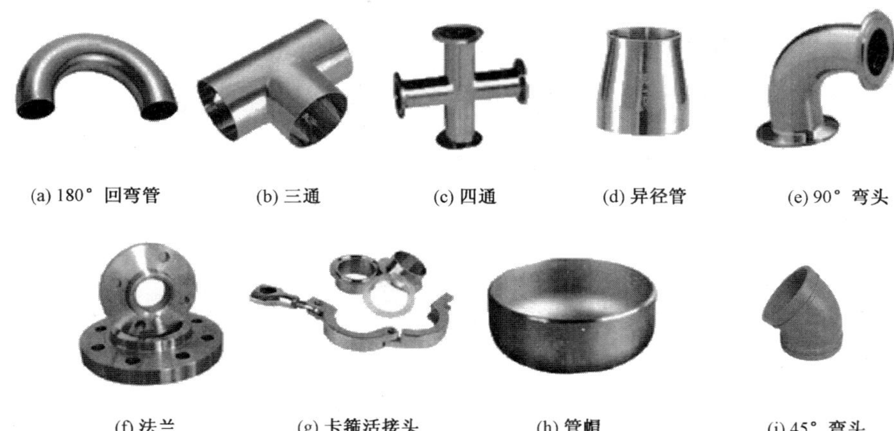

(a) 180° 回弯管　(b) 三通　(c) 四通　(d) 异径管　(e) 90° 弯头

(f) 法兰　(g) 卡箍活接头　(h) 管帽　(i) 45° 弯头

图 1－3　常用管件

(4)用以改变管径:异径管、内外螺纹接头(补芯)等;

(5)用以延长管路:管箍(束节)、螺纹短节、活接头、法兰等。法兰多用于焊接连接管路,而活接头多用于螺纹连接管路。在闭合管路上必须设置活接头或法兰,尤其是在需要经常维修或更换的设备、阀门附近必须设置,因为它们可以就地拆开,就地连接。

3)阀门

阀门是用来启闭和调节流量及控制安全的部件。通过阀门可以调节流量、系统压力及流动方向,从而确保工艺条件的实现与安全生产。化工生产中阀门种类繁多,常用的阀门见表 1－3。

表 1－3　常见阀门

名　称	结构特点	用　途
闸阀	主要部件为一闸板,通过闸板的升降以启闭管路。这种阀门全开时流体阻力小,全闭时较严密,如图 1－4(a)所示	多用于大直径管路上作启闭阀,在小直径管路中也有用作调节阀的。不宜用于含有固体颗粒或物料易于沉积的流体管路,以免引起密封面的磨损和影响闸板的闭合
截止阀	主要部件为阀盘与阀座,流体自下而上通过阀座,其构造比较复杂,流体阻力较大,但密闭性与调节性能较好,如图 1－4(b)所示	不宜用于粘度大且含有易沉淀颗粒的介质管路
止回阀	止回阀是一种根据阀前后的压力差自动启闭的阀门,其作用是使介质只作一定方向的流动,它分为升降式和旋启式两种。升降式止回阀密封性较好,但流动阻力大,旋启式止回阀用摇板来启闭。安装时应注意介质的流向与安装方向,如图 1－4(c)所示	止回阀一般适用于清洁介质管路

续表

名　称	结构特点	用　途
球阀	阀芯呈球状,中间为一个与管内径相近的连通孔,结构比闸阀和截止阀简单,启闭迅速,操作方便,体积小,重量轻,零部件少,流体阻力也小,如图1－4(d)所示	适用于低温、高压及粘度大的介质,但不宜用于调节流量
旋塞阀	其主要部分为一个可转动的圆锥形旋塞,中间有孔,当旋塞旋转至90°时,流动通道即全部封闭,需要较大的转动力矩,如图1－4(e)所示	温度变化大时容易卡死,不能用于高压
安全阀	是为了管道设备的安全保险而设置的截断装置,它能根据工作压力而自动启闭,从而将管道设备的压力控制在某一数值以下,从而保证其安全,如图1－4(f)所示	主要用在蒸汽锅炉及高压设备上

(a) 闸阀　(b) 截止阀　(c) 止回阀
(d) 球阀　(e) 旋塞阀　(f) 全启式安全阀

图1－4　常用阀门

4. 管路的连接方式

管路的连接包括管子与管子之间,管子与管件、阀门及设备接口等处的连接。常见的连接方式有螺纹连接、法兰连接、承插式连接及焊接连接,如图1－5所示。

1)螺纹连接

螺纹连接是一种可拆卸连接,适用于管径小于5.08cm以下的水管、水煤气管、压缩空气管及低压蒸汽管。将需要连接的管子管端用管子绞板绞制成外螺纹,然后与具有内螺纹的管件或阀件连接起来。为了保证螺纹连接处密封良好,先在管端螺纹处缠上麻丝并涂上铅油,其缠绕方向与螺纹方向一致,线头压紧然后拧上。

用内、外螺纹管接头连接管子时,结构简单,但不容易装卸。活接头构造复杂,但易装卸,且密封性能好,管内流体不易漏出。

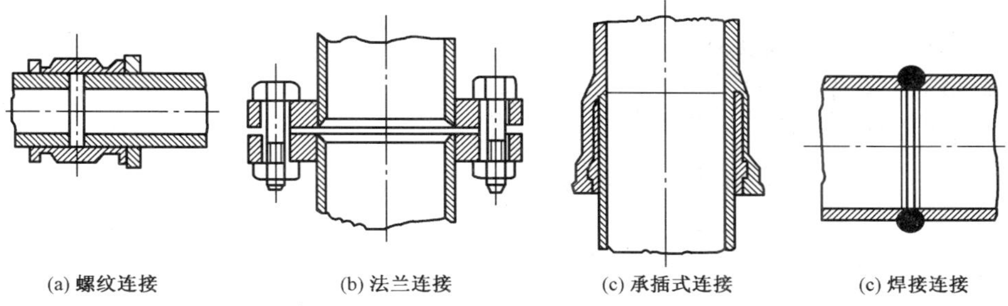

图 1－5　管路的连接方式

2) 法兰连接

法兰连接适用于大管径、密封性能要求高的管子连接。法兰与管端用螺纹或焊接方式固定在一起，管道的连接由两个法兰盘用螺栓连接起来，中间以垫片密封。法兰连接密封的好坏与选用的垫片材料有关。应根据介质的性质与工作条件选用适宜的垫片材料，以保证不发生泄漏。

法兰连接也是可拆卸连接，拆装方便，密封可靠，使用的温度、压力、管径范围很大，因而广泛用于各种金属管、塑料管、玻璃管的连接，还适用于管子与阀件、设备之间的连接。

3) 承插式连接

承插式连接常用于管端不易加工的铸铁管、陶瓷管和水泥管等的连接。连接时是将一管端插入另一管端的插套内，而在连接处的环状空隙内先填塞麻丝或石棉绳，然后塞入胶合剂，以达到密封目的。

承插连接的特点是适用于不宜用其他方法连接的材料，安装较方便，允许各管段中心线有少许偏差，管道稍有扭曲时仍能维持不漏。其缺点是难以拆卸，不耐高压。多用于地下给排水管路的连接。

4) 焊接连接

管道焊接连接较上述连接法要便宜、方便，严密性强，所有压力管道，如煤气、蒸汽、空气及物料管道都应尽量采用焊接连接。焊接连接适用于钢管、有色金属管和聚氯乙烯管，且特别适宜长管路，但需要经常拆卸的管段不能用焊接法连接。考虑到检修的需要，在连续生产的防爆车间内，物料管线也不应完全焊接，应在适当长度的管道上用法兰连接，以便在管路泄漏时拆到厂房外检修。

5. 管子的选用

管道的内径计算式为：

$$d = \sqrt{\frac{4q_v}{\pi u}} \tag{1-1}$$

式中　d——管道的内径，m；

q_v——流量，m^3/s；

u——流速，m/s，通过经济衡算，选择合理的流速。

流量一般为生产任务所决定，所以关键在于选择合适的流速。若流速选择过大，管径虽然可以减小，但流体流过管道的阻力增大，动力消耗高，操作费用随之增加；反之，流速选择过小，操作费用可以相应减小，但管径增大，管路的设备费用随之增加。所以需根据具体情况通过经济权衡来确定适宜的流速。某些流体在管路中的常用流速范围列于表 1 - 4 中。

表 1 - 4　某些流体在管路中的常用流速范围

流体的类别	流速 u,m/s
水及低粘度液体(0.1～1.0MPa)	1.5～3.0
工业供水(0.8MPa 以下)	1.5～3.0
锅炉供水(0.8MPa 以下)	>3.0
饱和蒸汽	20～40
一般气体(常压)	10～20
离心泵排出管中水一类液体	2.5～3.0
粘度较大的液体	0.5
低压空气(10～15MPa)、高压空气(15～20MPa)	<10

应用式(1 - 1)算出管径后，还需根据管子规格选用标准管径。选用标准管径后，再核算流体在管内的实际流速。

【例 1 - 1】　某厂精馏塔进料量为 36000kg/h，该料液的性质与水相近，其密度为 960kg/m³，试选择进料管的管径。

解： $q_v = \dfrac{q_m}{\rho} = 36000 \div 3600 \div 960 = 0.0104\ (\mathrm{m^3/s})$

因料液的性质与水相近，参考表 1 - 4，选取流速 $u = 1.8$m/s，得：

$$d = \sqrt{\frac{4q_v}{\pi u}} = \sqrt{\frac{4 \times 0.0104}{3.14 \times 1.8}} = 0.086(\mathrm{m})$$

根据本书附录三的管子规格表，选用 ϕ89mm × 3.5mm 的无缝钢管，其内径为：

$$d = 89 - 3.5 \times 2 = 82(\mathrm{mm})$$

实际流速为：

$$u = \frac{q_v}{A} = \frac{q_v}{\frac{\pi}{4}d^2} = \frac{0.0104}{0.785 \times (0.082)^2} = 1.97(\mathrm{m/s})$$

流体在管路内的实际流速为 1.97m/s，仍在适宜流速范围内，因此所选管子可用。

6. *管路的布置与安装原则*

工业上的管路布置既要考虑工艺要求，又要考虑经济要求，还要考虑操作方便与安全，在可能的情况下还要尽可能美观。因此，布置管路时应遵守以下原则：

(1)为了节省基建费用，便于安装与检修，除了上水总管、下水道和煤气管宜埋地铺设外，管路铺设应该尽可能采用明线。

(2)为了便于安装、检修与操作,并列管路上的管件和阀门一般应互相错开。

(3)管道应横平、竖直,各种管线应该尽量集中并平行铺设,以便共同利用管架;铺设时要尽量走直线,少拐弯,少交叉,以节约管材、减小阻力,力求整齐美观。

(4)遇交叉管时,一般小管让大管,支管让干管,辅物料管让主料管。

(5)当管线穿过墙壁或楼板时,应尽量集中并开设好预留孔;管线过墙或楼板时,管外最好加保护套管,管子与套管的空隙应塞填料。

(6)车间内的管路应尽可能沿墙壁安装,管子与管子之间、管子与墙壁之间的距离以能容纳活接头、法兰以及便于安装检修为宜,具体数据可见表1-5的规定。

表1-5　管子与墙之间的安装距离

公称管径,mm	25	40	50~80	100	125	150
管子中心距墙距离,mm	120	150	170	190	210	230

(7)竖管要设管卡,横管要设支架、吊架或钩钉;管路的跨距(管支架间的距离)一般不超过表1-6的规定。

表1-6　管路的跨距

公称管径,mm	50	75	100	125	150	200	250	300
管路跨距,mm	3.0	4.0	4.5	5.0	6.0	7.0	8.0	9.0

(8)管路的倾斜度一般为(3~5)mm/1000mm,对含有固体结晶或颗粒较大的物料管应大于或等于1mm/1000mm。

(9)管路离地面的高度以便于检修为准,但通过人行横道时,最低点距地面不小于2m,通过公路时不得小于4.5m,与铁路路轨净距离不得小于6m。

(10)所有管路,特别是输送腐蚀性介质的管路,在穿越通道时,不得装设各种管件、阀门以及可拆卸的连接,以防止因滴漏而造成对人体的伤害。

(11)平行管路的排列应考虑管路间的互相影响。垂直排列时,热介质管路在上,冷介质管路在下;高压管路在上,低压管路在下;无腐蚀性介质的管路在上,有腐蚀性介质的管路在下。水平排列时,低压管路在外,高压管路靠近墙柱;要经常检修的管路在外,不常检修的管路靠墙柱;重量最大的管路要靠管架或靠墙;衬橡胶管或聚氯乙烯塑料管应避开热的管路。

(12)腐蚀性介质管路的法兰不得位于通道的上方,以免滴漏时发生危险。

(13)输送易燃易爆物料时,由于在物料流动时常有静电产生而使管路成为带电体,为了防止管路的静电积聚,必须将管路可靠接地。

(14)由于季节温度的变化以及管路的工作温度与安装时的温度有差异,管材的热应力会发生变化,过大的热应力将造成管路的变形弯曲,甚至破裂。当金属管线的介质温度在60℃以上且长度超过50m时,就应考虑安装补偿器(伸缩器)以解决冷热变形的补偿问题。补偿器的形式较多,门形补偿器结构简单、易于制造,补偿能力大,是目前使用较普遍的一种。

(15)蒸汽管路上每隔一定距离应安装冷凝水排出装置。

(16)管路安装完毕后,应按规定进行强度试验和严密性试验;未经试验合格,在焊接及其他连接处不得涂漆和保温。

(17)为了便于区别各种类型的管路,通常应在管路的保护层或保温层表面涂以颜色。管路的涂色一般依输送物料确定。

(18)管路在第一次使用前必须用压缩空气或惰性气体进行吹扫。

7. 管路安装前的准备

化工管路安装前应做好技术准备、作业现场准备和材料准备等各项工作。对安装人员来说,关键要仔细阅读有关图纸,弄清流程,了解几何位置、规格型号、连接形式等。看管道施工图的大体步骤如下。

1)看图纸目录

查对图纸是否齐全,了解工程名称及工程用途;看图纸总说明,明确设计选用的材料、设备、施工及验收等方面的特定要求。

2)看设备布置平面图

了解管道与设备的平面安装位置。

3)看配管图(轴测图)

弄清管道系统的工艺流程,管道在空间的几何位置、标高、管径及与设备的相互联系。

4)看材料设备明细表

了解管材及设备的材质、规格、型号和数量。还要阅读与本专业有关的建筑、电器、仪表、工艺设备等图纸,一定要注意各专业在施工中的相互衔接。

当化工设备安装到位、管路安装所需的工程材料齐备并进入施工现场、验收合格后,即可进行管路安装。管内清扫、除锈、脱脂也应在安装前就进行完毕。

8. 管路安装验收

化工管路的布置、安装应该满足规范、合理、安全、美观及不泄漏的要求。管路安装完成后,要进行验收,化工车间的管路安装应重点检查验收以下内容:

(1)与设计图纸进行核对,检查安装是否符合工艺设计要求,如管路的布置、坡度、管材规格及质量是否符合设计规定,管路安装高度是否正确。

(2)检查管路安装是否横平、竖直,其偏差是否超出有关规定,安装是否规范。

(3)检查管路系统内的所有器具和各类支架是否牢固、安全。

(4)检查管路中的控制阀件、仪表等操作是否灵活、准确。

(5)检查管路的流通能力是否正常、畅通,在规定的试运行期限内效果是否良好。

(6)检查管路所有接口的严密性是否符合要求。管路的工作压力或物料的性质不同,则严密性试验要求也不同。进行水压试验时,试验压力等于正常操作压力的1.25倍,维持5min不漏为合格。进行气密试压时,则由压缩机送气至正常操作压力的1.05倍保压30min不降为合格。

(7)检查管路系统的防腐、保温质量是否符合设计要求。

活动建议

进行现场教学，让学生到实训基地或工厂去观察化工管路、管件及阀门等实物，除了教材介绍的之外，如阀门还有隔膜阀、蝶阀、疏水阀及减压阀等，了解其构造与作用。

（二）技能训练与测试

1. 管路拆装训练

1）训练目的

（1）熟悉常见的管件、阀门及不同规格的管材；

（2）熟悉管路的安装与拆卸过程，掌握管路拆装的基本操作技能。

2）工具准备

根据管径粗细准备适合的活扳手、套管扳手、眼镜扳手、双头呆扳手、钢丝钳子、管钳子、老虎钳、尖嘴钳、剪子、圆榔头、一字螺丝刀、十字螺丝刀、钢卷尺、水平尺、人字梯、安全帽等。

3）仪器设备、材料准备

IS 型离心水泵（IS 50 – 25 – 125，$4m^3/h$，20m），LZB – 25 转子流量计，2.5MPa 手动试压泵，0 ~ 1.6MPa 压力表，– 1 ~ 1.6MPa 真空压力表，满足安装数量和规格要求的管段、管件（法兰、弯头、三通、四通、管箍、对丝、活接头等）、其他材料（螺栓、螺母、垫片、橡胶板、石棉板、生料带等）、阀门（球阀、闸阀、截止阀、止回阀等）。

4）训练内容

管路的布置由设备的布置而确定，要正确地布置和安装管路，必须明确生产工艺的特点和操作条件要求，遵循管路布置和安装原则，绘制出安装配管图。

管路系统及设备已定，要求在拆除后恢复原样。

管路的组装方式大致可分为两类：一类是可拆式，即用法兰、螺纹、填料等方法连接；另一类是不可拆式，主要是采用焊接方法连接。本次实训重点训练可拆式。

可拆式连接在组装时，先将管路按现场位置分成若干段组装。然后从管路一端向另一端固定接口逐次组合，也可以从管路两端接口向中间逐次组合。但在组合过程中，必须经常检查管路中心线的偏差，尽量避免因偏差过大而造成最后合拢的接口处错口太大。本训练的管路系统一定在拆除后安装恢复原样，以此训练操作者管路安装基本技能。

管路的安装工作包括管路安装、法兰和螺纹接合、阀门安装和试压。

（1）管路安装。

管路的安装应保证横平、竖直，水平管其偏差不大于 15mm/10m，但其全长偏差不能大于 50mm，垂直管偏差不能大于 10mm。

（2）法兰与螺纹接合。

法兰安装要做到对得正、不反口、不错口、不张口。紧固法兰时要做到：未加垫片前，将法兰密封面清洁干净，其表面不得有沟纹；垫片的位置要放正，不能加入双层垫片；在紧螺栓时要按对称位置顺序拧紧，紧好之后螺栓两头应露出 2 ~ 4 扣；管道安装时，每对法兰的平行度、同心度应符合要求。

螺纹接合时管路端部应加工外螺纹，利用螺纹与管箍、管件和活接头配合固定。其密封则主要依靠锥管螺纹的咬合和在螺纹之间加敷密封材料来达到。常用的密封材料是白漆加麻丝或四氟膜，缠绕在螺纹表面，然后将螺纹配合拧紧。

（3）阀门安装。

阀门安装时应把阀门清理干净，关闭好，然后进行安装。单向阀、截止阀及调节阀安装时应注意介质流向，阀的手轮应便于操作。

（4）转子流量计安装。

安装玻璃转子流量计时，应使转子流量计的最小分度值处于下方，垂直安装在无振动的管道上，转子流量计的中心线与铅垂线的夹角应不超过5°。为保证转子流量计在使用时的测量精确度，被测流体的常用流量建议选择在转子流量计分度流量上限值的60%以上为好。

（5）水压试验。

管路安装完毕后，应作强度试验与严密性试验，试验是否有漏气或漏液现象。管路的操作压力不同，输送的物料不同，试验要求也不同。当对管路系统进行水压试验时，试验压力（表压）为294kPa，在试验压力下维持5min，未发现渗漏现象，则水压试验即为合格。

5）训练装置

管路训练装置示意图如图1－6所示。也可在配有管路的其他装置上进行训练，但训练内容包括管路安装的基本内容，以便学生掌握其技术。

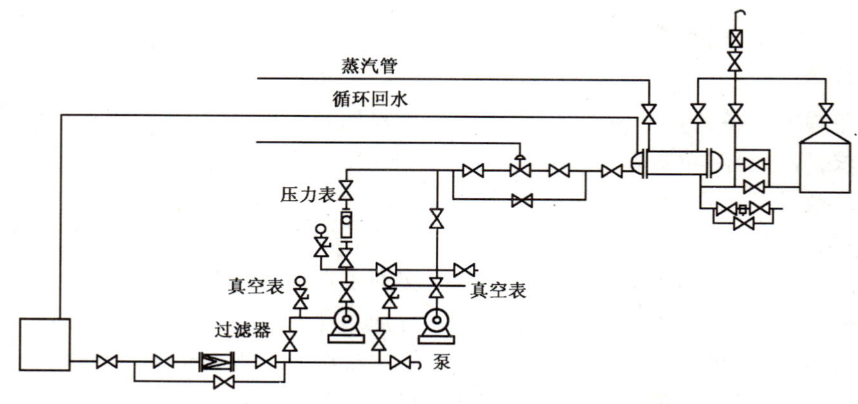

图1－6　管路训练装置示意图

6）安装注意事项

（1）进入实训室一律要戴安全帽、穿工作服，操作中要注意安全。

（2）管路的安装要横平、竖直，做到水平管偏差不大于15mm/10m，非直管偏差不大于10mm。

（3）法兰紧固前要将法兰密封面清理干净，其表面不得有沟纹；垫片要完好，不得有裂纹，大小要合适，不得用双层垫片，垫片的位置要放正；法兰与法兰的对接要正、要同心；紧固螺栓时应按对称位置顺序拧紧，紧好后两头螺栓应露出2～4扣；活接头的连接特别要注意垫卷的放置；螺纹连接时，应注意生料带的缠绕方向与圈数。

（4）阀门安装前要将其清洁干净，将阀门关闭后再进行安装；截止阀、单向阀安装时要注意方向性;转子流量计的安装要垂直,防止损坏。

(5)进行水压试验时,试验压力取操作压力的1.25倍,维持5min不漏为合格。要注意缓慢升压。

7)管路常见故障及处理方法

化工厂一般易出现跑、冒、滴、漏现象。泄漏是化工厂的一大隐患,泄漏可引起火灾、燃爆、腐蚀(设备、仪表、建筑、人员)、物料损失、能量损失、环境污染、产生噪声等。化工管路在运行过程中,除了会发生泄漏故障之外,往往还会发生堵塞等故障。所以,在生产过程中,要经常检查管路,及时排除事故隐患。表1-7列出了管路常见故障及其处理方法。

表1-7　管路常见故障及其处理方法

常见故障	原　因	处理方法
管路泄漏	(1)裂纹; (2)孔洞(管内外腐蚀、磨损); (3)焊接不良	装旋塞;缠带;打补丁;箱式堵漏;更换
管路堵塞或流量小	(1)杂质堵塞; (2)阀不能开启	连接旁通,设法清除管路杂质或更换管段;检查阀盘与阀杆;更换阀部件;更换阀门
管子振动	(1)流体脉动; (2)机械振动	用管支撑固定或撤掉管支撑,但必须保证强度
管子弯曲	管支架不良	调整管支架
法兰泄漏	(1)螺栓松动; (2)密封垫片损坏; (3)法兰有砂眼	紧固螺栓,更换螺栓,更换密封垫;更换法兰
阀泄漏	(1)压盖填料不良,杂质附着在其表面上; (2)阀不能关闭(内漏); (3)阀体有砂眼	紧固填料函;更换压盖填料;更换阀部件或阀;更换阀门

2. 技能测试

1)扳手的使用

(1)操作程序的规定及说明。

① 准备工作。

② 操作程序:

a. 选择合适的扳手;

b. 扳手的使用。

(2)考核时限。

① 准备工作5min。

② 正式操作25min。

③ 超时 1min 从总分中扣 5 分,总超时 5min 停止操作。

(3)考核评分。

① 考核事务由考评员统一负责。

② 考核采用百分制,100 分满分,60 分合格。

③ 考评员应对本工种具有熟练的检测经验,质检公正,评分准确。

④ 各项配分依精度高低和难易程度制定。

⑤ 评分方法:按单项扣分,每项检测点不少于两点。

评分记录表

<table>
<tr><td colspan="2">试题名称</td><td colspan="7">扳手的使用</td></tr>
<tr><td>序号</td><td>考核项目</td><td>评分要素</td><td>配分</td><td>评分标准</td><td>检测结果</td><td>扣分</td><td>得分</td><td>备注</td></tr>
<tr><td>1</td><td>准备工作</td><td>穿戴好劳保用品</td><td>5</td><td>劳保用品未穿戴整齐不得分</td><td></td><td></td><td></td><td></td></tr>
<tr><td rowspan="2">2</td><td rowspan="2">工具选择</td><td rowspan="2">选用符合外方螺母、螺钉头、内方螺母等规格一致的固定扳手、呆扳手、套筒扳手、内方扳手等</td><td>10</td><td>工具选错不得分</td><td></td><td></td><td></td><td></td></tr>
<tr><td>5</td><td>工具使用时打滑扣 5 分</td><td></td><td></td><td></td><td></td></tr>
<tr><td rowspan="9">3</td><td rowspan="9">扳手的使用</td><td rowspan="2">使用活扳手,应把死面作着力点,活面作为辅助面;使用六方扳手应选择与内方尺寸相符合的扳手</td><td>10</td><td>使用扳手方法错误扣 10 分</td><td></td><td></td><td></td><td></td></tr>
<tr><td>5</td><td>扳手损坏或伤人扣 5 分</td><td></td><td></td><td></td><td></td></tr>
<tr><td rowspan="2">使用气动扳手,检查胶管及连接处是否漏气,测试气动扳手的转向和工作方向是否一致;检查工作螺母的另外一端螺母是否用扳手固定</td><td>5</td><td>未查相关项目不得分</td><td></td><td></td><td></td><td></td></tr>
<tr><td>10</td><td>使用扳手方法错误扣 10 分</td><td></td><td></td><td></td><td></td></tr>
<tr><td rowspan="2">管钳只用于管子螺纹连接的拆卸</td><td>10</td><td>用管钳拧螺母扣 10 分</td><td></td><td></td><td></td><td></td></tr>
<tr><td>5</td><td>用管钳拆卸螺母扣 5 分</td><td></td><td></td><td></td><td></td></tr>
<tr><td>拧螺母用力均匀</td><td>5</td><td>螺母拧坏不得分</td><td></td><td></td><td></td><td></td></tr>
<tr><td>禁止在扳手的手柄上加套管</td><td>10</td><td>使用方法不对不得分</td><td></td><td></td><td></td><td></td></tr>
<tr><td>扳手钳口或螺母螺钉上不准粘有油脂</td><td>10</td><td>有油脂未清理扣 10 分</td><td></td><td></td><td></td><td></td></tr>
<tr><td rowspan="2">4</td><td rowspan="2">安全文明生产及其他</td><td>正确维护工具</td><td>10</td><td>工具未收回不得分</td><td></td><td></td><td></td><td></td></tr>
<tr><td>在规定时间内完成操作</td><td></td><td>每超时 1min 从总分中扣 5 分,超时 5min 停止操作</td><td></td><td></td><td></td><td></td></tr>
<tr><td colspan="3">合 计</td><td>100</td><td></td><td></td><td></td><td></td><td></td></tr>
</table>

考评员: 记分员: 年 月 日

2)加法兰垫片的操作

(1)操作程序的规定及说明。

① 准备工作。

② 操作程序:

a. 清理法兰密封面;

b. 选择垫片;

c. 垫片放入密封面;

d. 对正法兰;

e. 紧螺栓。

(2)考核时限。

① 准备工作 5min。

② 正式操作 25min。

③ 超时 1min 从总分中扣 5 分,总超时 5min 停止操作。

(3)考核评分。

① 考核事务由考评员统一负责。

② 考核采用百分制,100 分满分,60 分合格。

③ 考评员应对本工种具有熟练的检测经验,质检公正,评分准确。

④ 各项配分依精度高低和难易程度制定。

⑤ 评分方法:按单项扣分,每项检测点不少于两点。

评分记录表

试题名称		加法兰垫片的操作						
序号	考核项目	评分要素	配分	评分标准	检测结果	扣分	得分	备注
1	准备工作	穿戴好劳保用品	2	劳保用品未穿戴整齐不得分				
		正确选用工具	3	选错一件扣 1 分				
2	清理法兰密封面	保持法兰密封面干净	8	不清理法兰密封面不得分				
			8	法兰密封面不干净不得分				
3	选择垫片	根据法兰尺寸规格选用压力等级及尺寸规格符合法兰的垫片	8	垫片与法兰尺寸不符不得分				
			8	垫片与法兰压力等级不符不得分				
4	垫片放入密封面	把垫片放入密封面,凹凸式法兰垫应放入凹面法兰内	8	垫片位置不对不得分				
			8	垫片没放入凹面法兰内不得分				

续表

试题名称		加法兰垫片的操作						
序号	考核项目	评分要素	配分	评分标准	检测结果	扣分	得分	备注
5	对正法兰	垫片要正对法兰密封面	10	垫片不正对法兰密封面不得分				
6	紧螺栓	先对角预紧所有螺栓,然后按顺序紧固螺栓	8	不对角紧螺栓不得分				
			8	不先预紧螺栓不得分				
			8	不按顺序紧固螺栓不得分				
7	正确使用工具	正确使用工具	4	工具使用不正确不得分				
		正确维护工具	3	工具乱摆放不得分				
8	安全文明生产及其他	严格遵守环保要求	6	场地不清洁扣6分				
		在规定时间内完成操作		每超时1min从总分中扣5分,超时5min停止操作				
合计			100					

考评员: 记分员: 年 月 日

3)阀门加填料的操作

(1)操作程序的规定及说明。

① 准备工作。

② 操作程序:

a. 掏填料;

b. 加填料。

(2)考核时限。

① 准备工作5min。

② 正式操作25min。

③ 超时1min从总分中扣5分,总超时5min停止操作。

(3)考核评分。

① 考核事务由考评员统一负责。

② 考核采用百分制,100分满分,60分合格。

③ 考评员应对本工种具有熟练的检测经验,质检公正,评分准确。

④ 各项配分依精度高低和难易程度制定。

⑤ 评分方法:按单项扣分,每项检测点不少于两点。

评分记录表

试题名称		阀门加填料的操作						
序号	考核项目	评分要素	配分	评分标准	检测结果	扣分	得分	备注
1	准备工作	穿戴好劳保用品	5	劳保用品未穿戴整齐不得分				
2	掏填料	打开填料压盖,用填料钩子掏净填料	10	填料未掏干净扣5分;未掏填料不得分				
		阀杆关至最低	10	阀门未关到底扣5分;未关阀门不得分				
3	加填料	绕阀杆确定盘根长度	10	盘根长度不合适不得分				
		盘根对接口切至正反45°	10	接口不符合规范不得分				
		上下层盘根对接口错开180°	10	不符合规范不得分				
		每加两层盘根加一层石墨环	10	未按规定进行不得分				
		上好压盖将盘根压下去,再卸下压盖,依次直至压紧加满填料	10	方法不对扣5分				
		上紧压盖	10	未上紧压盖不得分				
		每紧一次压盖,转动阀杆,以检查阀杆填料不被压得过紧或者压盖牙偏	10	操作方法不对不得分				
4	安全文明生产及其他	严格遵守环保要求	2	场地不清洁扣2分				
		爱惜工具	3	工具使用完未收回不得分				
		在规定时间内完成操作		每超时1min从总分中扣5分,超时5min停止操作				
合　计			100					

考评员：　　　　　　　　　　记分员：　　　　　　　　　　年　　月　　日

4)阀门更换操作

(1)操作程序的规定及说明。

① 准备工作。

② 操作程序:

a. 准备阀门及垫片;

b. 拆除旧阀门;

c. 安装新阀门。

(2)考核时限。

① 准备工作5min。

② 正式操作25min。

③ 超时 1min 从总分中扣 5 分,总超时 5min 停止操作。

(3)考核评分。

① 考核事务由考评员统一负责。

② 考核采用百分制,100 分满分,60 分合格。

③ 考评员应对本工种具有熟练的检测经验,质检公正,评分准确。

④ 各项配分依精度高低和难易程度制定。

⑤ 评分方法:按单项扣分,每项检测点不少于两点。

评分记录表

试题名称		阀门更换操作						
序号	考核项目	评分要素	配分	评分标准	检测结果	扣分	得分	备注
1	准备工作	穿戴好劳保用品	2	劳保用品未穿戴整齐不得分				
		正确选用工具、器具	3	选错不得分				
2	准备阀门及垫片	阀门规格符合要求	5	阀门公称压力不符合要求不得分				
			5	阀门公称直径不符合要求不得分				
			5	法兰面不符合要求不得分				
			3	阀门填料未加或没检查不得分				
		垫片符合要求	5	垫片规格不符合要求不得分				
			5	垫片压力等级不符合要求不得分				
			5	垫片大小不符合要求不得分				
3	拆除旧阀门	放尽管线内存油及残压,阀门处于开的状态	5	存油未放不得分				
			5	残压未泄不得分				
			5	阀门未开不得分				
		高空作业系好安全带	5	未系安全带不得分				
		卸螺栓时应注意对称预留3~4个螺栓,待其他的螺栓松开后,均匀松预留的螺栓至密封消除,确认管线内有无残压	5	卸螺栓未对称预留不得分				
			8	未消除密封而拆卸预留螺栓不得分				
			6	未观察管线内有无残压不得分				

续表

试题名称		阀门更换操作						
序号	考核项目	评分要素	配分	评分标准	检测结果	扣分	得分	备注
4	安装新阀门	安装时注意手轮处于原来位置	2	未注意手轮位置不得分				
		安装截止阀注意阀门方向	2	未考虑阀门方向不得分				
		连接阀门、法兰	3	螺栓未均匀紧固不得分				
			5	造成泄漏不得分				
5	正确使用工具	正确使用工具	4	工具使用不正确不得分				
		正确维护工具	3	工具乱摆放不得分				
6	安全文明生产及其他	严格遵守环保要求	3	误操作造成场地不清洁不得分				
			3	旧阀门等未回收不得分				
		在规定时间内完成操作		每超时 1min 从总分中扣 5 分，超时 5min 停止操作				
合　计			100					

考评员：　　　　　　　　　　记分员：　　　　　　　　　　年　　月　　日

5）更换压力表

（1）操作程序的规定及说明。

① 准备工作。

② 操作程序：

a. 拆压力表；

b. 选择同量程的压力表；

c. 换表；

d. 投用新表。

（2）考核时限。

① 准备工作 5min。

② 正式操作 25min。

③ 超时 1min 从总分中扣 5 分，总超时 5min 停止操作。

（3）考核评分。

① 考核事务由考评员统一负责。

② 考核采用百分制，100 分满分，60 分合格。

③ 考评员应对本工种具有熟练的检测经验，质检公正，评分准确。

④ 各项配分依精度高低和难易程度制定。

⑤ 评分方法：按单项扣分，每项检测点不少于两点。

评分记录表

试题名称		更换压力表						
序号	考核项目	评分要素	配分	评分标准	检测结果	扣分	得分	备注
1	准备工作	穿戴好劳保用品	3	劳保用品未穿戴整齐不得分				
		正确选用工具	2	选错不得分				
2	拆压力表	关闭压力表手阀	10	未关闭手阀不得分				
		先稍松压力表接头，无喷油现象，把表卸下	5	未卸表不得分				
			5	操作方法不对不得分				
		存在泄漏要停止更换	5	存在泄漏未停止更换不得分				
3	选用同量程的压力表	量程应与原表相同，高温部位应选用耐温的压力表	5	量程选错不得分				
			5	未选耐温的压力表不得分				
		检查是否具有鉴定合格证，并确认合格	5	未查合格证不得分				
			5	未确认合格不得分				
		区分盘表和现场表，正确安装	10	未正确区分安装不得分				
4	换表	更换压力表垫	10	未换表垫不得分				
		用两个扳手紧固压力表接头	5	用一个扳手紧固不得分				
			5	出现泄漏不得分				
5	投用新表	缓慢打开压力表手阀1～2扣	5	未开手阀不得分				
			5	开手阀速度过快不得分				
6	正确使用工具	正确使用工具	3	工具使用不当不得分				
		正确维护工具	2	工具乱摆放不得分				
7	安全文明生产及其他	压力表更换完登记，回收换下的压力表	2	未做好记录扣2分				
			3	未回收换下的压力表扣3分				
		在规定时间内完成操作		每超时1min从总分中扣5分，超时5min停止操作				
合计			100					

考评员：　　　　　　　　记分员：　　　　　　　　年　　月　　日

五、学习情境考核评价

(一)学习情境考核评价标准

学习情境一		化工管路的拆装		
序号	考核项目	考核要点	考核方式	分值
1	专业知识	教师通过现场抽查、答辩、布置临时作业等多种方式评估,教师根据考核情况确定等级	笔试与口试	20
2	技能考核	考核操作规范程度、熟练程度和按要求执行实习操作的程度	仿真操作	40
3	方法、能力	获取信息和语言表达、自学,提出问题、分析问题、解决问题的能力。按完成任务的质量标准,对每次任务质量进行评分,质量标准根据不同任务而定	制定计划或完成报告的情况	15
4	职业素质	遵纪守时(上课每旷1学时扣5分,迟到一次扣2分)、认真负责、积极主动、踏实肯干、团结协作、爱护公物等方面	教师评价	15
5	团队精神	服从组长的安排,积极主动,认真完成本项目;按照"5S"要求,实训场地打扫干净,工具摆放整齐,地板无污水及其他垃圾	小组间互评	10

(二)学生自评和组内互评表

学习情境:____________ 第________学习小组 评分人:________________

评价指标 / 组员	专业知识的理解和掌握(20分)	技能考核(技能水平、操作规范)(40分)	方法、能力考核(制定计划或报告能力)(15分)	职业素质考核("5S"与出勤执行情况)(15分)	团队精神考核(10分)	合计
组员1						
组员2						
组员3						
组员4						
组员5						
组员6						
组员7						
组员8						
自评						

(三)组间互评和教师评价表

学习情境:____________　第________子任务　评分组:第______小组

评价指标 / 小组	专业知识的理解和掌握(20分)	技能考核(技能水平、操作规范)(40分)	方法、能力考核(制定计划或报告能力)(15分)	职业素质考核("5S"与出勤执行情况)(15分)	团队精神考核(10分)	合计
第1组						
第2组						
第3组						
第4组						
第5组						
第6组						
第7组						

学习情境二　离心泵的操作

能力目标：

- 根据工况，能选用合适的离心泵；
- 能独立、正确启用离心泵；
- 能独立、正确停用离心泵；
- 能独立进行离心泵的切换、流量调节及组合操作；
- 能熟练使用劳动工具并穿戴劳保用品；
- 能进行操作评价，并书写报告。

知识目标：

- 掌握离心泵的结构和工作原理；
- 了解离心泵的主要性能参数；
- 掌握离心泵的特性曲线及对其操作利用；
- 掌握离心泵安装高度的计算方法及流量调节。

素质目标：

- 具有吃苦耐劳、爱岗敬业的职业意识；
- 树立踏实工作、安全第一的职业意识；
- 培养发现问题、解决问题的能力；
- 培养自我评价和评价他人的能力；
- 具有环境意识、社会责任感、参与意识。

一、学习工作任务单

<table>
<tr><td colspan="4">学习情境二:离心泵的操作</td></tr>
<tr><td>学习小组</td><td></td><td>指导教师</td><td></td></tr>
<tr><td colspan="4">工作任务描述:
通过教师提供的参考书、教学课件、音像资料、自己查阅的参考资料,在教师的指导下能完成流体输送基础知识的学习,通过在流体输送单元操作实训室完成离心泵的开、停操作,切换操作,流量计的调节及组合操作的实训操作训练,使学生掌握离心泵的操作技能,提高学生自身职业能力</td></tr>
<tr><td colspan="4">具体工作任务:
(1)获得相关资料与信息:
① 流体输送基础知识;② 离心泵的结构、工作原理、主要性能参数及特性曲线;③ 离心泵操作的操作规程;④ 劳动工具的确定及使用;⑤ 消防安全器具的使用方法。
(2)根据相关信息制定、修改和确定工作实施方案。
(3)按照工作计划完成专业知识学习:学会离心泵的开、停及切换操作,流量计的调节。
(4)对每一个所完成工作步骤进行记录和归档,并完成工作报告。
(5)讨论、总结、反思学习过程,撰写技术报告,各小组汇报学习体会,实现学习迁移。
(6)提交工作报告、工作记录、小组评分单、个人考核单、小组工作总结、材料归档、整理</td></tr>
<tr><td colspan="4">学习条件:
(1)多媒体教室;
(2)化工流体输送单元操作实训室;
(3)校外实训基地;
(4)图片、课件、音像资料、教学录像、网站资源等;
(5)学习情境、任务单、实施方案、工作记录表、考核单</td></tr>
</table>

二、学习情境实施计划

<table>
<tr><td colspan="3">学习情境二:离心泵的操作</td><td>课时:24 学时</td></tr>
<tr><td colspan="2">授课班级:</td><td>教学学期:</td><td>授课教师:</td></tr>
<tr><td colspan="2">授课地点:校内实训基地</td><td colspan="2">授课时间:</td></tr>
<tr><td rowspan="3">学习过程设计</td><td colspan="3">学习情境描述:
根据本项目工作任务单要求详细计划每一个工作过程和步骤,以小组为单位制定一份完成工作任务的实施方案,任务完成后撰写一份工作报告。
本项目所针对的工作内容主要是对离心泵进行安装、启用、停用操作训练,具体包括:选用离心泵;正确启用离心泵;正确停用离心泵;离心泵的无扰切换及流量调节;熟练使用劳动工具并穿戴劳保用品;正确书写报告</td></tr>
<tr><td colspan="3">项目目标
(1)能力目标:
① 根据工况,能选用合适的离心泵;
② 能独立、正确启用离心泵;
③ 能独立、正确停用离心泵;
④ 能独立进行离心泵的切换及流量调节;
⑤ 能熟练使用劳动工具并穿戴劳保用品;
⑥ 能进行操作评价,并书写报告。
(2)知识目标:
① 掌握离心泵的结构和工作原理;
② 了解离心泵的主要性能参数;
③ 掌握离心泵的特性曲线及对其操作利用;
④ 掌握离心泵安装高度的计算方法及流量调节。
(3)素质目标:
① 具有吃苦耐劳、爱岗敬业的职业意识;
② 树立踏实工作、安全第一的职业意识;
③ 培养发现问题、解决问题的能力;
④ 培养自我评价和评价他人的能力;
⑤ 具有环境意识、社会责任感、参与意识</td></tr>
<tr><td colspan="3">具体工作任务的设置:
(1)会熟练运用流体静力学方程式、连续性方程式、伯努利方程式解决生产实际问题;
(2)掌握离心泵的工作原理、参数控制要点;
(3)根据工况,能选用合适的离心泵;
(4)会设计计算离心泵的安装高度;
(5)能正确启用离心泵;
(6)能正确停用离心泵;
(7)能熟练进行流量调节;
(8)对每一个已完成工作步骤进行记录和归档,并提交工作报告</td></tr>
</table>

续表

<table>
<tr><td rowspan="6">学习过程设计</td><td colspan="3">专业技术内容：
(1)流体静力学方程式、连续性方程式、伯努利方程式及应用；
(2)离心泵的结构、工作原理、主要性能参数及特性曲线；
(3)离心泵的选用；
(4)离心泵安装高度的计算；
(5)离心泵开、停实训操作；
(6)离心泵切换操作；
(7)流量计的结构和工作原理；
(8)流量计的操作</td><td colspan="2">教学论与方法论建议：
项目教学法、四阶段教学法、“教学做”一体法</td></tr>
<tr><td colspan="5">教学条件与资源：
(1)多媒体教室(有可上网查阅资料的计算机工作台)；
(2)校内流体输送操作实训室(配置多种型号的离心泵实物，劳动必需的工具和材料，劳保用品)；
(3)校外实训基地(泵房)；
(4)实施计划、工作任务单、工作记录表、考核单、图片、课件、音像资料、网络资源、教材与参考资料</td></tr>
<tr><td colspan="5">学习小组的行动阶段：</td></tr>
<tr><td>步骤</td><td>内容</td><td>教学进程</td><td>方法、媒介与环境</td><td>教学地点</td></tr>
<tr><td>资讯</td><td>(1)老师根据课程标准，下达离心泵的操作工作任务；
(2)学生从工作任务中分析完成工作的必要信息；
(3)熟悉流体输送基础知识；离心泵的结构、工作原理、主要性能参数及特性曲线；离心泵操作规程；劳动工具的使用方法；消防安全器具的使用方法</td><td>2 学时</td><td>(1)查阅文献资料；
(2)课堂对话；
(3)教师指导</td><td>校内流体输送操作实训室、图书馆、多媒体教室(有可上网查阅资料的计算机工作台)</td></tr>
<tr><td>计划</td><td>(1)学生 6 人一组，讨论并制定完成工作任务的实施方案；
(2)教师考查学生制做的方案，学生听取教师的建议，对方案做出修改，此阶段由教师和学生共同完成</td><td>2 学时</td><td>(1)以小组为单位，制定完成工作任务的实施方案；
(2)课堂分组；
(3)教师指导</td><td>(1)多媒体教室(有可上网查阅资料的计算机工作台)；
(2)校内流体输送操作实训室(配置多种型号的离心泵实物，劳动必需的工具和材料，劳保用品)；
(3)校外实训基地</td></tr>
</table>

续表

<table>
<tr><td rowspan="6">学习过程设计</td><td colspan="5">学习小组的行动阶段：</td></tr>
<tr><td>步骤</td><td>内容</td><td>教学进程</td><td>方法、媒介与环境</td><td>教学地点</td></tr>
<tr><td>决策</td><td>每组汇报各自的实施方案，教师组织大家听取各组的实施方案，分析实施方案的可行性，对于存在的问题提出意见或建议，确定成果提交方式</td><td>4 学时</td><td>(1)讨论方案，对每组方案进行答辩；
(2)教师指导</td><td>(1)多媒体教室；
(2)校内流体输送操作实训室(配置多种型号的离心泵实物，劳动必需的工具和材料，劳保用品)</td></tr>
<tr><td>实施</td><td>学生以小组的形式在学习工作任务单的引导下完成专业知识学习，学会离心泵的开、停及切换操作以及流量计的调节</td><td>12 学时</td><td>(1)在教师指导下合理运用获取的信息资料；
(2)咨询老师和工人师傅；
(3)在教师指导下完成基本技能训练</td><td>(1)多媒体教室；
(2)校内流体输送操作实训室(配置多种型号的离心泵实物，劳动必需的工具和材料，劳保用品)；
(3)校外实训基地</td></tr>
<tr><td>评估</td><td>(1)学生的工作状态；
(2)工作任务是否被完整完成；
(3)新技术、新知识掌握情况</td><td>2 学时</td><td>(1)讨论；
(2)教师监督；
(3)教师对操作过程评分；
(4)学生反思工作过程并在小组中交流</td><td>校内流体输送操作实训室</td></tr>
<tr><td>检查</td><td>(1)是否完成学习任务；
(2)能否正常开、停及切换离心泵，能否进行流量调节；
(3)工作过程中是否受到阻碍；
(4)团队合作是否协调；
(5)学习迁移是否实现；
(6)工作报告是否完整</td><td>2 学时</td><td>(1)课堂讨论；
(2)学生评价；
(3)小组评价；
(4)教师评价</td><td>校内流体输送操作实训室</td></tr>
<tr><td colspan="6">课后分析：</td></tr>
</table>

三、学习情境引导文

工　作　单	离心泵的操作		
任　　务	离心泵的操作		
学习情境二	离心泵的操作	学习领域二	石油化工流体输送单元操作
班　　级		姓　　名	
学习小组		工作时间	24 学时
任务描述			
通过本情境的学习,要求学员应做到: (1)会熟练运用流体静力学方程式、连续性方程式、伯努利方程式解决生产实际问题; (2)掌握离心泵的工作原理、参数控制要点; (3)能准确说出离心泵的工作原理及各部件的名称、作用; (4)根据工况,能选用合适的离心泵; (5)会设计计算离心泵的安装高度; (6)能正确启用离心泵; (7)能正确停用离心泵; (8)能正确切换离心泵; (9)能合理正确地调节离心泵的流量			
引导文			
【基础知识的认知】			
(1)何谓绝对压力、表压和真空度?进行压力计算时应注意的问题是什么?			
(2)什么是流体的粘性?如何度量?			
(3)什么是稳定流动系统和不稳定流动系统?试举例说明。			
(4)应用伯努利方程式时,应注意哪些问题?如何选取基准面和截面?			
(5)流体的流动类型有哪几种?如何判断?什么是层流内层?层流内层的厚度与什么因素有关?			
(6)产生流动阻力的原因是什么?流动阻力由哪几部分构成?			

续表

(7)减少流动阻力的途径是什么？
(8)说出离心泵的工作原理。
(9)指出下图中各部件的名称及作用。 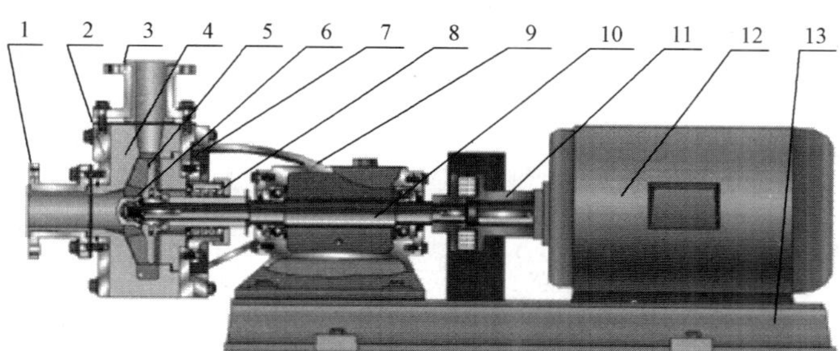
(10)指出下图中离心泵叶片的类型并说明各自的适用条件。   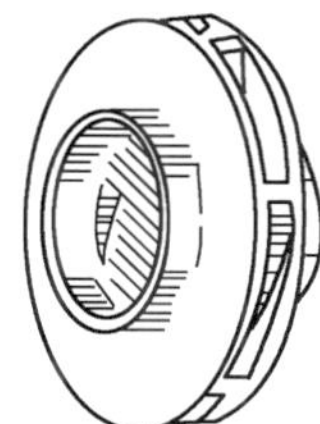

续表

(11)简述离心泵的类型及各自的结构特点和用途。
(12)如何确定离心泵的安装高度?
(13)如何选用合适的离心泵?
(14)离心泵流量调节的方法有哪些?
【拓展能力训练】
(1)简答离心泵特性曲线的测定方法。
(2)结合自己的实训过程,写出离心泵开车的操作规程。
(3)结合自己的实训过程,写出离心泵停车的操作规程。
(4)结合自己的实训过程,写出离心泵切换及组合操作的操作规程。

续表

(5)结合自己的学习认识过程,对学习情境给予其他说明,列写出你们小组可提出的其他问题:
(6)小组讨论并设计本小组的学习评价表,相互评价,给出小组成员的得分:
(7)对任务、学习的其他说明或建议:
指导教师评语:
任务完成人签字: 年　月　日 指导教师签字: 年　月　日

四、学材

在化工生产过程中，流体输送是最常见的，甚至是不可缺少的单元操作。流体输送机械就是向流体做功以提高流体机械能的装置，因此流体通过输送机械后即可获得能量，以用于克服流体输送沿程中的机械能损失，提高位能以及提高流体压力（或减压等）。通常，将输送液体的机械称为泵；将输送气体的机械按其产生的压力高低分别称为通风机、鼓风机、压缩机和真空泵。

（一）支撑知识

1. 连续性方程

1）稳定流动系统

根据流体在管路系统中流动时各种参数的变化情况，可以将流体的流动分为稳定流动和不稳定流动。若流动系统中各物理量的大小仅随位置变化，不随时间变化，则该流动称为稳定流动；若流动系统中各物理量的大小不仅随位置变化，而且也随时间变化，则该流动称为不稳定流动。

对于工业生产中的连续操作过程，如生产条件控制正常，则流体流动多属于稳定流动。连续操作的开车、停车过程及间歇操作过程属于不稳定流动。本章所讨论的流体流动为稳定流动过程。

多观察

有溢流装置的恒位槽系统流体的流动；若没有流体的补充，槽内的液位不断下降时流体的流动。

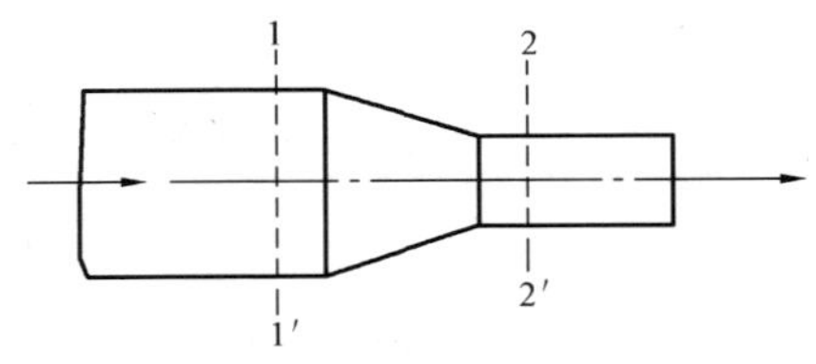

图2－1　流体流动的连续性

2）连续性方程

稳定流动系统如图2－1所示，流体充满管道，并连续不断地从截面1－1′流入，从截面2－2′流出。以管内壁、截面1－1′与2－2′为衡算范围，以单位时间为衡算基准，依质量守恒定律，进入截面1－1′的流体质量流量与流出截面2－2′的流体质量流量相等，即

$$q_{m1} = q_{m2} \qquad (2-1)$$

因为

$$q_m = uA\rho$$

式中　q_m——流体的质量流量，指单位时间内流经管道有效截面积的流体质量，kg/s；

u——流体在管道任一截面的平均流速，m/s；

A——管道的有效截面积，m^2；

ρ——流体的密度，kg/m^3。

故
$$q_m = u_1A_1\rho_1 = u_2A_2\rho_2 \tag{2-2}$$

若将式(2－2)推广到管路上任何一个截面,即有：

$$q_m = uA\rho = 常数 \tag{2-3}$$

方程式(2－3)表示在稳定流动系统中,流体流经管道各截面的质量流量恒为常量,但各截面的流体流速则随管道截面积和流体密度的不同而变化。

若流体为不可压缩流体,即 ρ = 常数,则有：

$$q_v = uA = 常数 \tag{2-4}$$

式中　q_v——流体的体积流量,指单位时间内流经管道有效截面积的流体体积,m^3/s；

式(2－4)说明不可压缩流体不仅流经各截面的质量流量相等,而且它们的体积流量也相等,而且管道截面积 A 与流体流速 u 成反比,截面积越小,流速越大。

若不可压缩流体在圆管内流动,因 $A=\frac{\pi}{4}d^2$,则有：

$$\frac{u_1}{u_2} = \frac{A_2}{A_1} = \left(\frac{d_2}{d_1}\right)^2 \tag{2-5}$$

式(2－5)说明不可压缩流体在管道内的流速 u 与管道内径的平方 d^2 成反比。

式(2－1)～式(2－5)称为流体在管道中作稳定流动的连续性方程。连续性方程反映了在稳定流动系统中,流量一定时管路各截面上流速的变化规律,而此规律与管路的安排以及管路上是否装有管件、阀门或输送设备等无关。

【例2－1】　在如图2－1所示的串联变径管路中,已知小管规格为 $\phi57mm \times 3mm$,大管规格为 $\phi89mm \times 3.5mm$,均为无缝钢管,水在小管内的平均流速为 2.5m/s,水的密度可取为 $1000kg/m^3$。试求：(1)水在大管中的流速；(2)管路中水的体积流量和质量流量。

解：(1)小管直径 $d_1 = 57-2\times3 = 51(mm)$,$u_1 = 2.5(m/s)$

大管直径 $d_2 = 89-2\times3.5 = 82(mm)$

$$u_2 = u_1\frac{A_1}{A_2} = u_1\left(\frac{d_1}{d_2}\right)^2 = 2.5\times\left(\frac{51}{82}\right)^2 = 0.967(m/s)$$

(2) $q_v = u_1A_1 = u_1\frac{\pi}{4}{d_1}^2 = 2.5\times0.785\times(0.051)^2 = 0.0051(m^3/s)$

$$q_m = q_v\rho = 0.0051\times1000 = 5.1(kg/s)$$

2. 伯努利方程

在化工生产中,解决流体输送问题的基本依据是伯努力方程,因此伯努力方程及其应用极为重要。根据对稳定流动系统能量衡算,即可得到伯努力方程。

1)流动系统的能量

流动系统中涉及的能量有多种形式,包括内能、机械能、功、热和损失能量,若系统不涉及温度变化及热量交换,内能为常数,则系统中所涉及的能量只有机械能、功和损失能量。能量根据其属性分为流体自身所具有的能量及系统与外部交换的能量。

(1)流体所具有的能量——机械能。

位能　位能是流体处于重力场中而具有的能量。若质量为 m(kg)的流体与基准水平面的垂直距离为 z(m)，则位能为 mgz(J)，单位质量流体的位能则为 gz(J/kg)。

位能是相对值，计算时必须规定一个基准水平面。

动能　动能是流体以一定速度流动而具有的能量。质量为 m(kg)流体，当其流速为 u(m/s)时具有的动能为 $\frac{1}{2}mu^2$(J)，单位质量流体的动能为 $\frac{1}{2}u^2$(J/kg)。

静压能　静压能是由于流体具有一定的压力而具有的能量。流体内部任一点都有一定的压力，如果在有液体流动的管壁上开一小孔并接上一个垂直的细玻璃管，液体就会在玻璃管内升起一定的高度，此液柱高度即表示管内流体在该截面处的静压力值。

管路系统中，某截面处流体压力为 p，流体要流过该截面，则必须克服此压力做功，于是流体带着与此功相当的能量进入系统，流体的这种能量称为静压能。质量为 m(kg)的流体静压能为 pV(J)，单位质量流体的静压能为 $\frac{p}{\rho}$(J/kg)。

(2)压力的表示方法。

以绝对真空为基准测得的压力称为绝对压力。以大气压力为基准测得的压力称为表压力或真空度。若系统压力高于大气压，则超出的部分称为表压力，所用的测压仪表称为压力表；若系统压力低于大气压，则低于大气压的部分称为真空度，所用的测压仪表称为真空表。可以看出，它们之间的关系为：

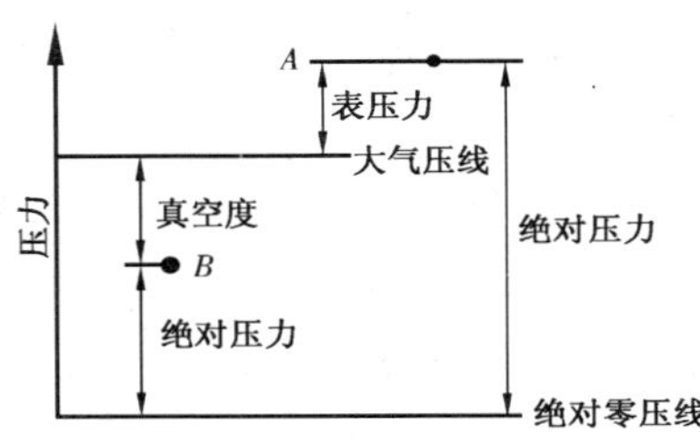

图 2－2　绝压、表压、真空度之间的关系

$$p_{表} = p_{绝} - p_{大} \qquad p_{真} = p_{大} - p_{绝}$$

显然，真空度为表压的负值，并且设备内流体的真空度越高，它的绝对压力就越低。绝对压力、表压力与真空度之间的关系可用图 2－2 表示。

注意：(1)为了避免相互混淆，当压力以表压或真空度表示时，应用括号注明，如未注明，则视为绝对压力；(2)压力计算时基准要一致；(3)大气压力以当时、当地气压表的读数为准。

想一想　不同单位制之间压力的换算。

(3)系统与外界交换的能量。

对于实际生产中的流动系统，系统与外界交换的能量主要有功和损失能量。

外加功　当系统中安装有流体输送机械时，它将对系统做功，即将外部的能量转化为流体的机械能。单位质量流体从输送机械中所获得的能量称为外加功，用 W_e 表示，其单位为 J/kg。

外加功 W_e 是选择流体输送设备的重要数据，可用来确定输送设备的有效功率 P_e，即：

$$P_e = W_e q_m \tag{2-6}$$

损失能量　由于流体具有粘性，在流动过程中要克服各种阻力，所以流动中有能量损失。单位质量流体流动时为克服阻力而损失的能量，用 Σh_f 表示，其单位为 J/kg。

2）伯努利方程式

如图 2－3 所示，不可压缩流体在系统中作稳定流动，流体从截面 1－1′经泵输送到截面2－2′。根据稳定流动系统的能量守恒，输入系统的能量应等于输出系统的能量。

输入系统的能量包括流体由截面 1－1′进入系统时带入的自身能量，以及从输送机械中得到的能量。输出系统的能量包括流体由截面 2－2′离开系统时带出的自身能量，以及流体在系统中流动时因克服阻力而损失的能量。

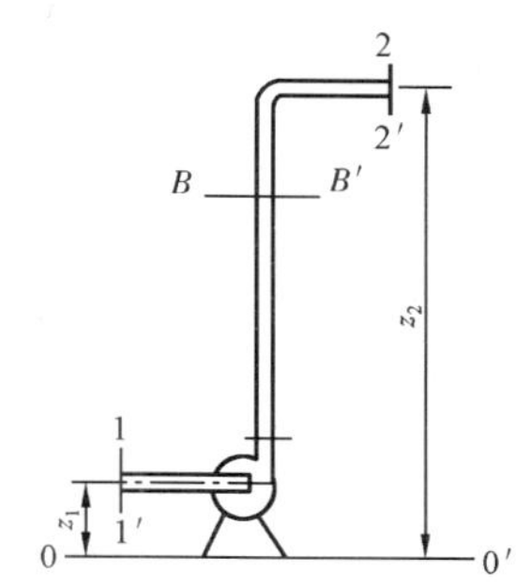

图 2－3　流体的管路输送系统

若以 0－0′面为基准水平面，两个截面距基准水平面的垂直距离分别为 z_1、z_2，两截面处的流速分别为 u_1、u_2，两截面处的压力分别为 p_1、p_2，流体在两截面处的密度为 ρ，单位质量流体从泵所获得的外加功为 W_e，从截面 1－1′流到截面 2－2′的全部能量损失为 Σh_f，则根据能量守恒定律有：

$$gz_1 + \frac{p_1}{\rho} + \frac{1}{2}u_1^2 + W_e = gz_2 + \frac{p_2}{\rho} + \frac{1}{2}u_2^2 + \Sigma h_f \qquad (2-7)$$

式中　gz_1、$\frac{1}{2}u_1^2$、$\frac{p_1}{\rho}$——流体在截面 1－1′上的位能、动能、静压能，J/kg；

gz_2、$\frac{1}{2}u_2^2$、$\frac{p_2}{\rho}$——流体在截面 2－2′上的位能、动能、静压能，J/kg。

式（2－7）称为实际流体的伯努利方程，是以单位质量流体为计算基准，式中各项单位均为 J/kg。它反映了流体流动过程中各种能量的转化和守恒规律，在流体输送中具有重要意义。

通常将无粘性、无压缩性，流动时无流动阻力的流体称为理想流体。当流动系统中无外功加入时（即 $W_e=0$），则有：

$$gz_1 + \frac{1}{2}{u_1}^2 + \frac{p_1}{\rho} = gz_2 + \frac{1}{2}{u_2}^2 + \frac{p_2}{\rho} \qquad (2-8)$$

式（2－8）为理想流体的伯努利方程，说明理想流体稳定流动时，各截面上所具有的总机械能相等，总机械能为一常数，但每一种形式的机械能不一定相等，各种形式的机械能可以相互转换。

将单位质量流体为基准的伯努利方程式（2－7）中的各项除以 g，则可得：

$$z_1 + \frac{p_1}{\rho g} + \frac{u_1^2}{2g} + \frac{W_e}{g} = z_2 + \frac{p_2}{\rho g} + \frac{u_2^2}{2g} + \frac{\Sigma h_f}{g}$$

令

$$H_e = \frac{W_e}{g} \qquad H_f = \frac{\Sigma h_f}{g}$$

则

$$z_1 + \frac{p_1}{\rho g} + \frac{u_1^2}{2g} + H_e = z_2 + \frac{p_2}{\rho g} + \frac{u_2^2}{2g} + H_f \qquad (2-9)$$

式中 z、$\frac{u^2}{2g}$、$\frac{p}{\rho g}$——位压头、动压头、静压头，单位重量(1N)流体所具有的机械能，m；

H_e——有效压头，单位重量流体在截面1－1′与截面2－2′之间所获得的外加功，m；

H_f——压头损失，单位重量流体从截面1－1′流到截面2－2′的能量损失，m。

式(2－9)为以单位重量流体为计算基准的伯努利方程，式中各项均表示单位重量流体所具有的能量，单位为J/N(m)，它的物理意义是单位重量流体所具有的机械能把自身从基准水平面升举的高度。

理想流体的伯努利方程适用于稳定、连续的不可压缩系统。在流动过程中两截面间流量不变，满足连续性方程。

【例2－2】 如图2－4所示，有一用水吸收混合气中氨的常压逆流吸收塔，水由水池用离心泵送至塔顶经喷头喷出。泵入口管为ϕ108mm×4mm无缝钢管，管中流体的流量为40m^3/h，出口管为ϕ89mm×3.5mm的无缝钢管。池内水深为2m，池底至塔顶喷头入口处的垂直距离为20m。管路的总阻力损失为40J/kg，喷头入口处的压力为120kPa(表压)。试求泵所需的有效功率为多少千瓦？

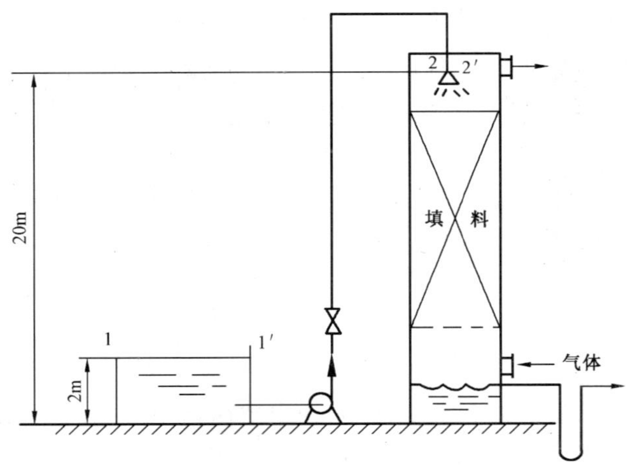

图2－4 例2－2图

解：取水池液面为截面1－1′，喷头入口处为截面2－2′，并取截面1－1′为基准水平面。在截面1－1′和截面2－2′间列伯努利方程，即为：

$$gz_1 + \frac{p_1}{\rho} + \frac{1}{2}u_1^2 + W_e = gz_2 + \frac{p_2}{\rho} + \frac{1}{2}u_2^2 + \Sigma h_f$$

其中：$z_1=0$，$z_2=20-2=18\text{m}$，$u_1\approx 0$，$d_1=108-2\times4=100\text{mm}$，$d_2=89-2\times3.5=82\text{mm}$，$\Sigma h_f=40\text{J/kg}$，$p_1=0$（表压），$p_2=120\text{kPa}$（表压）。

$$u_2=\frac{q_v}{\frac{\pi}{4}d_2^2}=\frac{40\div3600}{0.785\times(0.082)^2}=2.11(\text{m/s})$$

将上述已知条件代入伯努利方程得

$$W_e=g(z_2-z_1)+\frac{p_2-p_1}{\rho}+\frac{u_2^2-u_1^2}{2}+\Sigma h_f$$

$$=9.807\times18+\frac{120\times10^3}{1000}+\frac{(2.11)^2}{2}+40=338.75(\text{J/kg})$$

质量流量　$q_m=A_2u_2\rho=\frac{\pi}{4}d_2^2u_2\rho=0.785\times(0.082)^2\times2.11\times1000=11.14(\text{kg/s})$

有效功率　$P_e=W_e\cdot q_m=338.75\times11.14=3774(\text{W})=3.77(\text{kW})$

活动建议

伯努利方程式的应用可结合校内外实训有关流体输送的案例进行教学，组织学生讨论伯努利方程的其他工程应用，加深对伯努利方程式的理解并熟练应用。

3. 流体的流动型态

在化工生产中，流体输送、传热、传质过程及操作等都与流体的流动状态有密切关系，因此有必要了解流体的流动型态及在圆管内的速度分布。

1）流动类型的划分

流体流动时，依不同的流动条件可以出现两种截然不同的流动型态，即层流和湍流，见表2-1。

表2-1　雷诺实验和两种流动型态

流动型态	实验现象	质点运动特点	速度分布	举例
层流	实验装置如图2-5所示，设贮水槽中液位保持恒定，当管内水的流速较小时，着色水在管内沿轴线方向成一条清晰的细直线，如图2-6(a)所示	流体质点沿管轴方向作直线运动，分层流动，又称滞流	层流时其速度分布曲线呈抛物线形，如图2-7所示。管壁处速度为零，管中心处速度最大。平均流速 $u=0.5u_{max}$	管内流体的低速流动、高粘度液体的流动、毛细管和多孔介质中的流体流动等

续表

流动型态	实验现象	质点运动特点	速度分布	举例
过渡状态	开大调节阀，水流速度逐渐增至某一定值时，可以观察到着色细线开始呈现波浪形，但仍保持较清晰的轮廓，如图2－6(b)所示	过渡状态不是一种独立的流动型态，介于层流与湍流之间。可以看成是不完全的湍流，或不稳定的层流，或者是两者交替出现，随外界条件而定，受流体流动干扰控制		
湍流	再继续开大阀门，可以观察到着色细流与水流混合，当水的流速再增大到某值以后，着色水一进入玻璃管即与水完全混合，如图2－6(c)所示	流体质点除沿轴线方向作主体流动外，还在各个方向有剧烈的随机运动，又称紊流	湍流时其速度分布曲线呈不严格抛物线形。管中心附近速度分布较均匀，如图2－8所示，平均流速 $u=0.82u_{max}$	工程上遇到的管内流体的流动大多为湍流

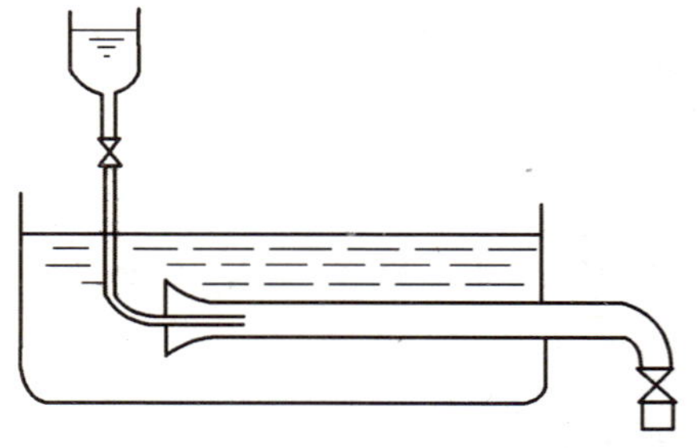

图2－5　雷诺实验装置示意图

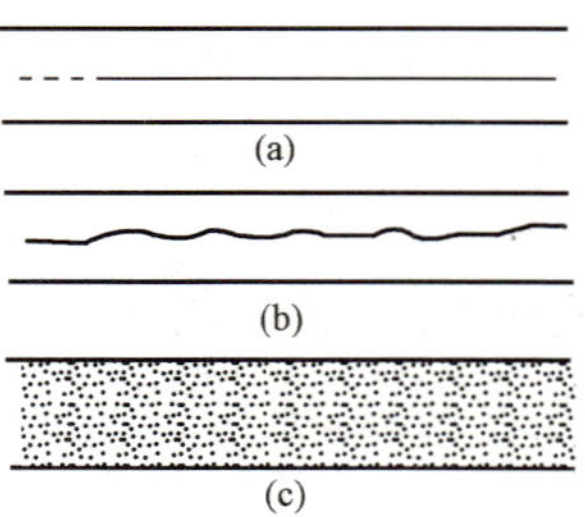

图2－6　雷诺实验结果比较

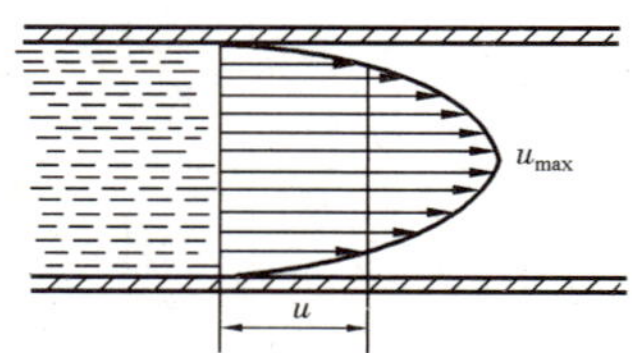

图2－7　层流时圆管内的速度分布

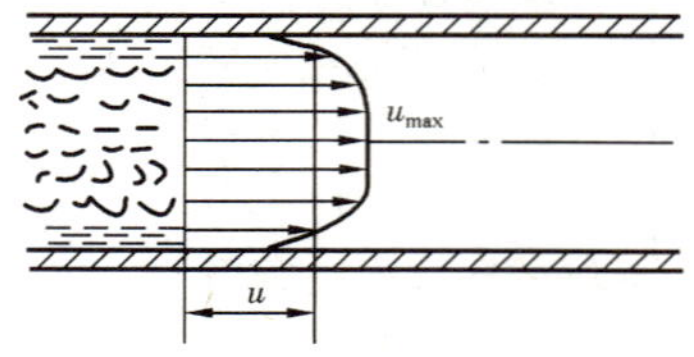

图2－8　湍流时圆管内的速度分布

2）流体流动型态的判定

（1）雷诺准数。

为了确定流体的流动型态，雷诺通过改变实验介质、管材及管径、流速等实验条件，做了大量的实验，并对实验结果进行了归纳总结。流体的流动型态主要与流体的密度ρ、粘度μ、流速u和管内径d等因素有关，并可以用这些物理量组成一个数群，称为雷诺准数（Re），用来判定流动型态。

$$Re = \frac{du\rho}{\mu} \tag{2-10}$$

雷诺准数，无单位。Re大小反映了流体的湍动程度，Re越大，流体流动湍动性越强。计算时只要采用同一单位制下的单位，计算结果都相同。

（2）判据。

一般情况下，流体在管内流动时，若$Re<2000$时，流体的流动型态为层流；若$Re>4000$时，流动型态为湍流；而Re在2000～4000范围内，流动型态为一种过渡状态，可能是层流，也可能是湍流。在过渡区域，流动型态受外界条件的干扰而变化，如管道形状的变化、外来的轻微震动等都易促成湍流的发生，在一般工程计算中，$Re>2000$时，对流体流动型态可作湍流处理。

【例2-3】 在20℃条件下，油的密度为830kg/m^3，粘度为3cP，在圆形直管内流动，其流量为10m^3/h，管子规格为$\phi 89\times3.5$mm，试判断其流动型态。

解：已知$\rho=830\text{kg/m}^3$，$\mu=3\text{cP}=3\times10^{-3}\text{Pa}\cdot\text{s}$。

$d=89-2\times3.5=82\text{mm}=0.082(\text{m})$

则
$$u=\frac{q_v}{\frac{\pi}{4}d^2}=\frac{10\div3600}{0.785\times(0.082)^2}=0.526(\text{m/s})$$

$$Re=\frac{du\rho}{\mu}=\frac{0.082\times0.526\times830}{3\times10^{-3}}=1.193\times10^4$$

因为$Re>4000$，所以该流动型态为湍流。

查一查

非圆形管道的雷诺准数怎样确定，流动型态如何判断？

3）湍流流体中的层流内层

当管内流体作湍流流动时，管壁处的流速也为零，靠近管壁处的流体薄层速度很低，仍然保持层流流动，这个薄层称为层流内层。层流内层的厚度随雷诺准数Re的增大而减薄，但不会消失。层流内层的存在，对传热与传质过程都有很大的影响。

湍流时，自层流内层向管中心推移，速度渐增，存在一个流动型态即非层流亦非湍流区域，这个区域称为过渡层或缓冲层。再往管中心推移才是湍流主体。可见，流体在管内作湍流流动时，横截面上沿径向分为层流内层、过渡层和湍流主体三部分。

4. 流体在管内的流动阻力

流体在管路中流动时的阻力分为直管阻力和局部阻力两种。直管阻力是流体流经一定管径的直管时,由于流体的内摩擦而产生的阻力。局部阻力是流体流经管路中的管件、阀门及截面的突然扩大和突然缩小等局部地方所引起的阻力。总阻力等于直管阻力和局部阻力的总和。

1)流体的粘度

气体和液体的流动性哪个更好?同温度下水和油的流动性哪个好?观察河水的流动,为什么河中心处水的流速比河岸处水的流速大?

(1)粘性。

流体流动时,流体质点间存在相互吸引力,流通截面上各点的流速并不相等,即其内部存在相对运动,当某质点以一定的速度向前运动时,与之相邻的质点则会对其产生一个约束力阻碍其运动,将这种流体质点间的相互约束力称为内摩擦力。流体流动时为克服这种内摩擦力需消耗能量。流体流动时产生内摩擦的性质称为流体的粘性。粘性大的流体流动性差,粘性小的流体流动性好。

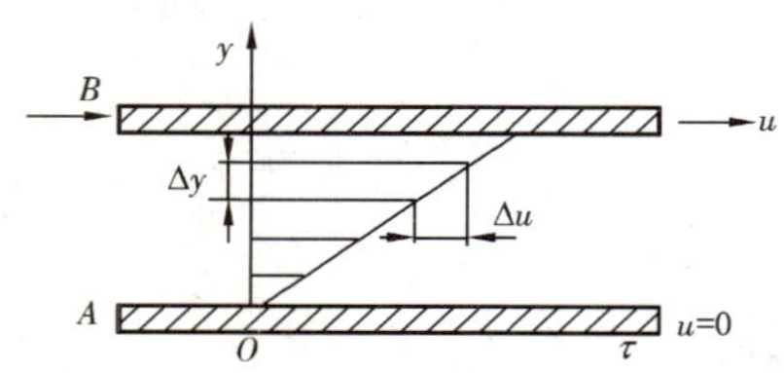

图2-9 平板间液体速度变化

粘性是流体的固有属性,流体无论是静止还是流动,都具有粘性。

如图2-9所示,有上下两块平行放置且面积很大而相距很近的平板,板间充满某种液体。若将下板固定,而对上板施加一个恒定的外力 F,上板就以恒定速度 u 沿 x 方向运动。此时,两板间的液体就会分成无数平行的薄层而运动,粘附在上板底面的一薄层液体也以速度 u 随上板运动,其下各层液体的速度依次降低,粘附在下板表面的液层速度为零,流体相邻层间的内摩擦力即为 F。实验证明,F 与上下两板间沿 y 方向的速度变化率 $\Delta u/\Delta y$ 成正比,与接触面积 A 成正比。流体在圆管内流动时,u 与 y 的关系是曲线关系,上述变化率应写成 du/dy,称为速度梯度,即为:

$$F = \mu \frac{du}{dy} A$$

若单位流层面积上的内摩擦力称为剪应力 τ,则有:

$$\tau = \frac{F}{A} = \mu \frac{du}{dy} \tag{2-11}$$

式(2-11)称为牛顿粘性定律,即流体层间的剪应力与速度梯度成正比。式(2-11)中比例系数 μ,称为动力粘度或绝对粘度,简称粘度。

查一查

涂料及泥浆的流动是否服从牛顿粘性定律？试了解此类流体的规律。

(2)粘度。

粘度是表征流体粘性大小的物理量，是流体的重要物理性质之一，流体的粘性越大，μ 值越大。其值由实验测定。

流体的粘度随流体的种类及状态而变化，液体的粘度随温度升高而减小，气体的粘度随温度升高而增大。压力变化时，液体的粘度基本不变，气体的粘度随压力增加而增加得很少，一般工程计算中可以忽略。某些常用流体的粘度可以从有关手册和本书附录中查得。

粘度的法定计量单位是 Pa · s；但在工程手册中粘度的单位常用物理单位制，即用泊(P)或厘泊(cP)表示。它们之间的关系是：

$$1\text{Pa}\cdot\text{s} = 10\text{P} = 1000\text{cP}$$

流体的粘性还可用粘度 μ 与密度 ρ 的比值来表示，称为运动粘度，以 ν 表示：

$$\nu = \frac{\mu}{\rho} \tag{2-12}$$

运动粘度的法定计量单位为 m^2/s；在物理单位制中，运动粘度的单位为 cm^2/s，称为沲(St)。

2)直管阻力

(1)范宁公式。

直管阻力，也称沿程阻力。直管阻力通常由范宁公式计算，其表达式为：

$$h_f = \lambda \cdot \frac{l}{d} \cdot \frac{u^2}{2} \tag{2-13}$$

式中　h_f——直管阻力，J/kg；

λ——摩擦系数，也称摩擦因数，无量纲；

l——直管的长度，m；

d——直管的内径，m；

u——流体在管内的流速，m/s。

范宁公式中的摩擦因数是确定直管阻力损失的重要参数。λ 的值与反映流体湍动程度的 Re 及管内壁粗糙程度的 ε 大小有关。

(2)管壁粗糙程度。

工业生产上所使用的管道，按其材料的性质和加工情况，大致可分为光滑管与粗糙管。通常把玻璃管、铜管和塑料管等列为光滑管，把钢管和铸铁管等列为粗糙管。实际上，即使是同一种材质的管子，由于使用时间的长短与腐蚀结垢的程度不同，管壁的粗糙度也会发生很大的变化。

① 绝对粗糙度　绝对粗糙度是指管壁突出部分的平均高度，以 ε 表示，如图 2－10 所示。表 2－2 中列出了某些工业管道的绝对粗糙度数值。

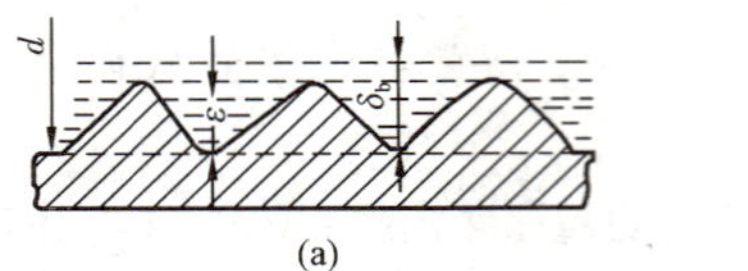
(a)

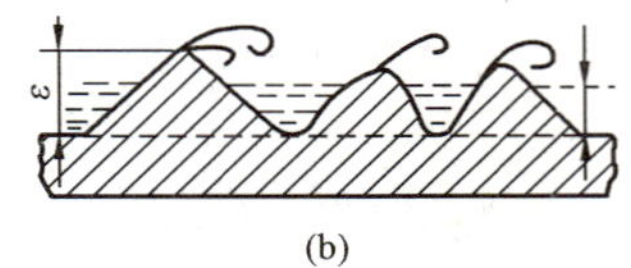
(b)

图 2－10　管壁粗糙程度对流体流动的影响

表 2－2　某些工业管道的绝对粗糙度

管道类别	绝对粗糙度 ε，mm	管道类别	绝对粗糙度 ε，mm
无缝黄铜管、铜管及铝管	0.01～0.05	具有重度腐蚀的无缝钢管	＞0.5
新的无缝钢管或镀锌铁管	0.1～0.2	旧的铸铁管	＞0.85
新的铸铁管	0.3	干净玻璃管	0.0015～0.01
具有轻度腐蚀的无缝钢管	0.2～0.3	很好整平的水泥管	0.33

② 相对粗糙度　相对粗糙度是指绝对粗糙度与管道内径的比值，即 ε/d。管壁粗糙度对摩擦系数 λ 的影响程度与管径的大小有关，所以在流动阻力的计算中，要考虑相对粗糙度的大小。

（3）摩擦系数。

层流时摩擦系数　流体作层流流动时，管壁上凹凸不平的地方都被有规则的流体层所覆盖，λ 与 ε/d 无关，摩擦系数 λ 只是雷诺准数的函数，即：

$$\lambda = \frac{64}{Re} \tag{2-14}$$

将 $\lambda = \frac{64}{Re}$ 代入范宁公式（2－13），则有：

$$h_f = 32\frac{\mu u l}{\rho d^2} \tag{2-15}$$

式（2－15）为哈根—伯稷叶方程，是流体在圆直管内作层流流动时的阻力计算式。

湍流时摩擦系数　由于湍流时流体质点运动情况比较复杂，目前还不能完全用理论分析方法求算湍流时摩擦系数 λ 的公式，而是通过实验测定，获得经验的计算式。各种经验公式均有一定的适用范围，可参阅有关资料。

为了计算方便，通常将摩擦系数 λ 对 Re 与 ε/d 的关系曲线标绘在双对数坐标上，如图 2－11所示，该图称为莫狄（Moody）图。这样就可以方便地根据 Re 与 ε/d 值从图中查得各种情况下的 λ 值。

根据雷诺准数的不同，可在图中分出四个不同的区域：

层流区　当 $Re < 2000$ 时，λ 与 Re 关系为一直线关系，与相对粗糙度无关。

过渡区　当 $Re = 2000 \sim 4000$ 时，管内流动类型随外界条件变化而变化，λ 也随之波动。工程上一般按湍流处理，λ 值可从相应的湍流时的曲线延伸查取。

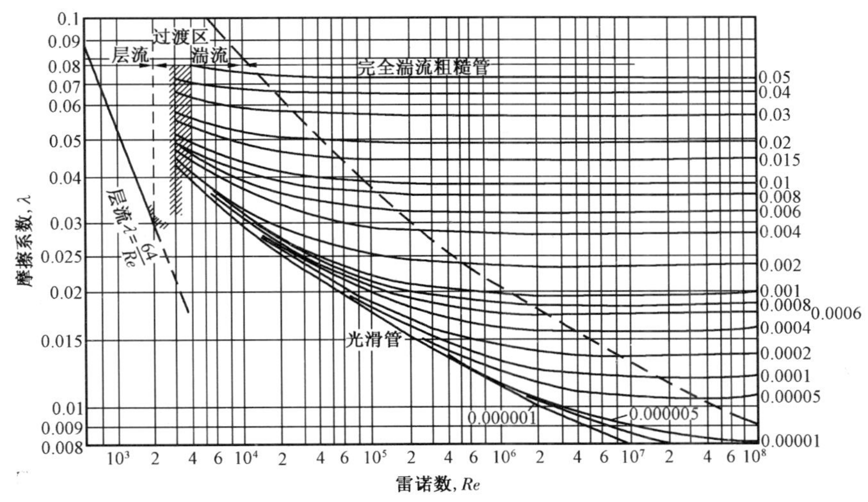

图 2－11　λ 与 Re、ε/d 的关系

湍流区　当 $Re > 4000$ 且在图中虚线以下区域时，$\lambda = f(Re, \varepsilon/d)$。对于一定的 ε/d，λ 值随 Re 数值的增大而减小。

完全湍流区　即图中虚线以上的区域，λ 与 Re 的数值无关，只取决于 ε/d。$\lambda - Re$ 曲线几乎成水平线，当管子的 ε/d 一定时，λ 为定值。在这个区域内，阻力损失与 u^2 成正比，故又称为阻力平方区。由图可见，ε/d 值越大，达到阻力平方区的 Re 值越小。

【例 2－4】　20℃的水，以 1m/s 速度在钢管中流动，钢管规格为 $\phi 60\text{mm} \times 3.5\text{mm}$，试求水通过 100m 长的直管时阻力损失为多少？

解：从本书附录中查得水在 20℃时的密度 $\rho = 998.2\text{kg/m}^3$，$\mu = 1.005 \times 10^{-3}\text{Pa} \cdot \text{s}$。$d = 60 - 3.5 \times 2 = 53\text{mm}$，$l = 100\text{m}$，$u = 1\text{m/s}$。

$$Re = \frac{du\rho}{\mu} = \frac{0.053 \times 1 \times 998.2}{1.005 \times 10^{-3}} = 5.26 \times 10^4$$

取钢管的管壁绝对粗糙度 $\varepsilon = 0.2\text{mm}$，则有：

$$\frac{\varepsilon}{d} = \frac{0.2}{53} = 0.004$$

据 Re 与 ε/d 值，可以从图 2－11 上查出摩擦系数 $\lambda = 0.03$。

则
$$h_f = \lambda \cdot \frac{l}{d} \cdot \frac{u^2}{2} = 0.03 \times \frac{100}{0.053} \times \frac{1^2}{2} = 28.3(\text{J/kg})$$

3）局部阻力

局部阻力是流体流经管路中的管件、阀门及截面的突然扩大和突然缩小等局部地方所产生的阻力。

流体在管路的进口、出口、弯头、阀门、突然扩大部位、突然缩小部位或流量计等局部流过时，必然发生流体的流速和流动方向的突然变化，流动受到干扰、冲击，产生旋涡并加剧湍动，使流动阻力显著增加，如图 2－12 所示。局部阻力一般有两种计算方法，即当量长度法和阻力系数法。

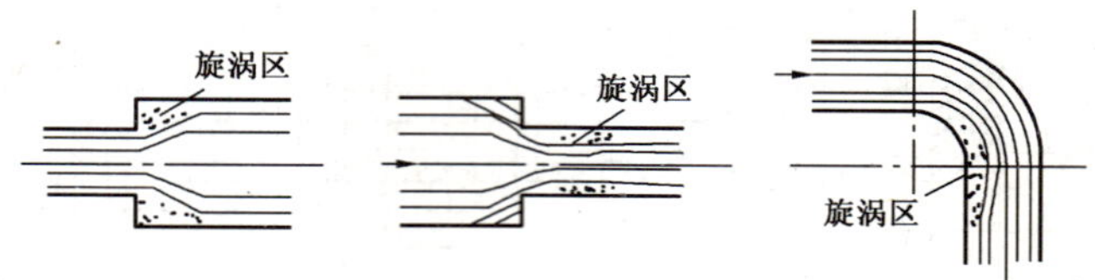

图 2－12　不同情况下的流动干扰

(1)当量长度法。

当量长度法是将流体通过局部障碍时的局部阻力计算转化为直管阻力损失的计算方法。当量长度是指与某局部障碍具有相同能量损失的同直径直管长度，用 l_e 表示，单位为 m，可按式(2－16)计算：

$$h'_f = \lambda \cdot \frac{l_e}{d} \cdot \frac{u^2}{2} \tag{2-16}$$

式中　u——管内流体的平均流速，m/s；

l_e——当量长度，m。

当局部流通截面发生变化时，流速 u 应该采用较小截面处的流体流速。l_e 数值由实验测定，在湍流情况下，某些管件与阀门的当量长度也可以从图 2－13 查得。

(2)阻力系数法。

将局部阻力表示为动能的一个倍数，则有：

$$h'_f = \zeta \frac{u^2}{2} \tag{2-17}$$

式中　ζ——局部阻力系数，无单位，其值由实验测定。

常见的局部阻力系数见表 2－3。

4)总阻力

管路系统的总阻力等于通过所有直管的阻力和所有局部阻力之和。

(1)当量长度法。

当用当量长度法计算局部阻力时，其总阻力 Σh_f 计算式为：

$$\Sigma h_f = \lambda \cdot \frac{l + \Sigma l_e}{d} \cdot \frac{u^2}{2} \tag{2-18}$$

式中　Σl_e——管路全部管件与阀门等的当量长度之和，m。

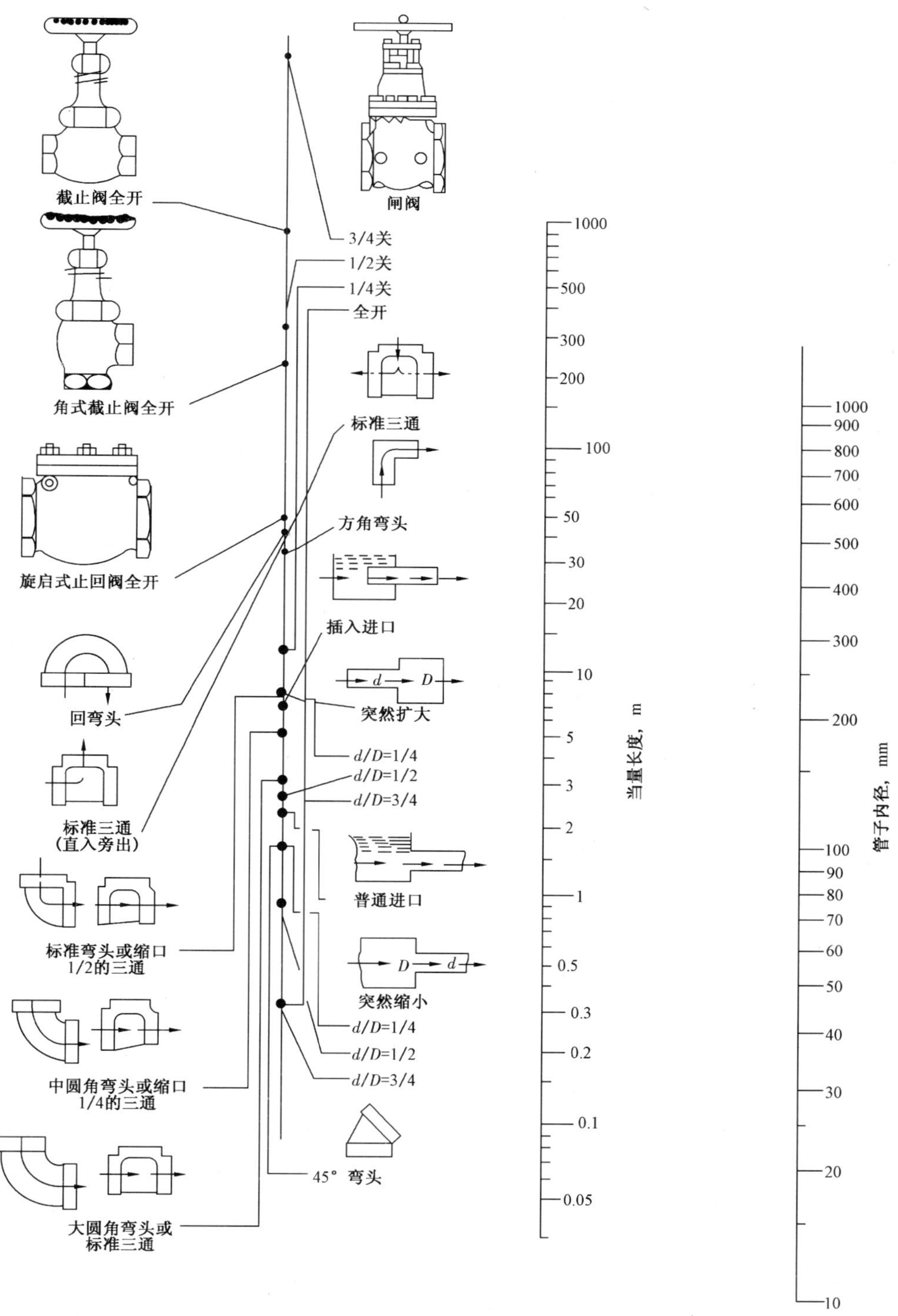

图 2-13 管件与阀件的当量长度共线图

表 2－3　常见局部障碍的阻力系数

标准弯头	45°，$\zeta=0.35$	90°，$\zeta=0.75$
90°方形弯头	1.3	
180°回弯头	1.5	
活管接	0.4	

弯管

R/d \ φ	30°	45°	50°	75°	90°	105°	120°
1.5	0.08	0.11	0.14	0.16	0.175	0.19	0.20
2.0	0.07	0.10	0.12	0.14	0.15	0.16	0.17

突然扩大：$\zeta=(1-A_1/A_2)^2 \quad h_f=\zeta\cdot u_1^2/2$

A_1/A_2	0	0.1	0.2	0.3	0.4	0.5	0.6	0.7	0.8	0.9	1.0
ζ	1	0.81	0.64	0.49	0.35	0.25	0.16	0.09	0.04	0.04	0

突然缩小：$\zeta=0.5(1-A_2/A_1) \quad h_f=\zeta\cdot u_2^2/2$

A_2/A_1	0	0.1	0.2	0.3	0.4	0.5	0.6	0.7	0.8	0.9	1.0
ζ	0.5	0.45	0.40	0.35	0.30	0.25	0.20	0.15	0.10	0.05	0

水泵进口

没有底阀	2～3								
有底阀	d，mm	40	50	75	100	150	200	250	300
	ζ	12	10	8.5	7.0	6.0	5.2	4.4	3.7

闸阀

全开	3/4 开	1/2 开	1/4 开
0.17	0.9	4.5	24

标准截止阀（球心阀）	全开　$\zeta=6.4$	1/2 开　$\zeta=9.5$

蝶阀

α	5°	10°	20°	30°	40°	45°	50°	60°	70°
ζ	0.24	0.52	1.54	3.91	10.8	18.7	30.6	118	751

旋塞

θ	5°	10°	20°	40°	60°
ζ	0.05	0.29	1.56	17.3	206

角阀（90°）	5	
单向阀	摇板式 $\zeta=2$	球形式 $\zeta=70$
水表（盘形）	7	

(2)阻力系数法。

当用阻力系数法计算局部阻力时,其总阻力计算式为:

$$\Sigma h_f = (\lambda \frac{l}{d} + \Sigma\zeta)\frac{u^2}{2} \tag{2-19}$$

式中　$\Sigma\zeta$——管路全部的局部阻力系数之和。

应当注意,当管路由若干直径不同的管段组成时,管路的总能量损失应分段计算,然后再求和。

总阻力的表示方法除了以能量形式表示外,还可以用压头损失 H_f(1N 流体的流动阻力,m)及压力降 Δp_f($1m^3$ 流体流动时的流动阻力,m)表示。它们之间的关系为:

$$h_f = H_f g \tag{2-20}$$

$$\Delta p_f = \rho h_f = \rho H_f g \tag{2-21}$$

【例 2-5】 20℃的水以 $16m^3/h$ 的流量流过某一管路,管子规格为 $\phi57mm \times 3.5mm$。管路上装有 90°的标准弯头两个、闸阀(1/2 开)一个,直管段长度为 30m。试计算流体流经该管路的总阻力损失。

解:查得 20℃下水的密度为 $998.2kg/m^3$,粘度为 1.005mPa·s。

管子内径为 $d = 57 - 2 \times 3.5 = 50mm = 0.05(m)$

水在管内的流速为:

$$u = \frac{q_v}{A} = \frac{q_v}{0.785d^2} = \frac{16 \div 3600}{0.785 \times (0.05)^2} = 2.26(m/s)$$

流体在管内流动时的雷诺准数为:

$$Re = \frac{du\rho}{\mu} = \frac{0.05 \times 2.26 \times 998.2}{1.005 \times 10^{-3}} = 1.12 \times 10^5$$

查表取管壁的绝对粗糙度 $\varepsilon = 0.2mm$,则 $\varepsilon/d = 0.2/50 = 0.004$,由 Re 值及 ε/d 值查图 2-11 得 $\lambda = 0.0285$。

(1)用阻力系数法计算。

查表 2-3 得:90°标准弯头,$\zeta = 0.75$;闸阀(1/2 开度),$\zeta = 4.5$。所以有:

$$\Sigma h_f = (\lambda \frac{l}{d} + \Sigma\zeta)\frac{u^2}{2} = \left[0.0285 \times \frac{30}{0.05} + (0.75 \times 2 + 4.5)\right] \times \frac{(2.26)^2}{2} = 59.0(J/kg)$$

(2)用当量长度法计算。

查表得:90°标准弯头,$l/d = 30$;闸阀(1/2 开度),$l/d = 200$。

$$\Sigma h_f = \lambda \cdot \frac{l + \Sigma l_e}{d} \cdot \frac{u^2}{2} = 0.0285 \times \frac{30 + (30 \times 2 + 200) \times 0.05}{0.05} \times \frac{(2.26)^2}{2} = 62.6(J/kg)$$

从以上计算可以看出,用两种局部阻力计算方法的计算结果差别不大,在工程计算中是允许的。

活动建议

分析产生流动阻力的原因，明确计算流动阻力的必要性，取一实际输水管路，进行阻力计算。

5. 离心泵的结构类型

离心泵具有结构简单、性能稳定、检修方便、操作容易和适应性强等特点，在化工生产中应用十分广泛。

1）离心泵的结构

图 2－14 所示的为安装于管路中的一台卧式单级单吸离心泵。图 2－14（a）为其基本结构，图 2－14（b）为其在管路中的示意图。

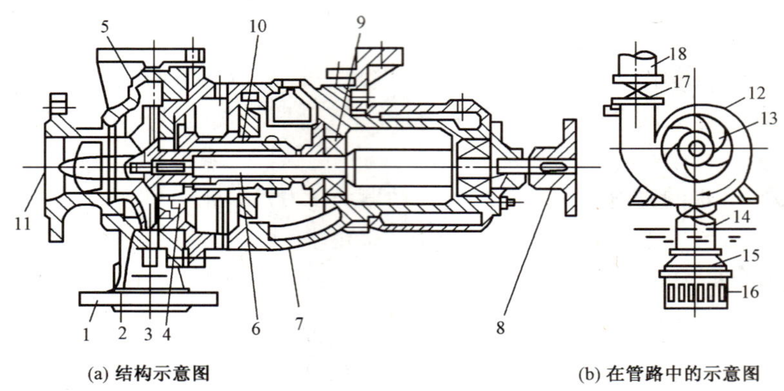

(a) 结构示意图　　(b) 在管路中的示意图

图 2－14　单级单吸离心泵的结构

1—泵体；2—叶轮；3—密封环；4—轴套；5—泵盖；6—泵轴；7—托架；8—联轴器；9—轴承；10—轴封装置；11—吸入口；12—蜗形泵壳；13—叶片；14—吸入管；15—底阀；16—滤网；17—调节阀；18—排出管

（1）叶轮。

叶轮的作用是将原动机的机械能直接传给液体，以增加液体的静压能和动能（主要增加静压能）。叶轮一般有 6～12 片后弯叶片。叶轮有闭式、开式和半闭式三种，如图 2－15 所示。

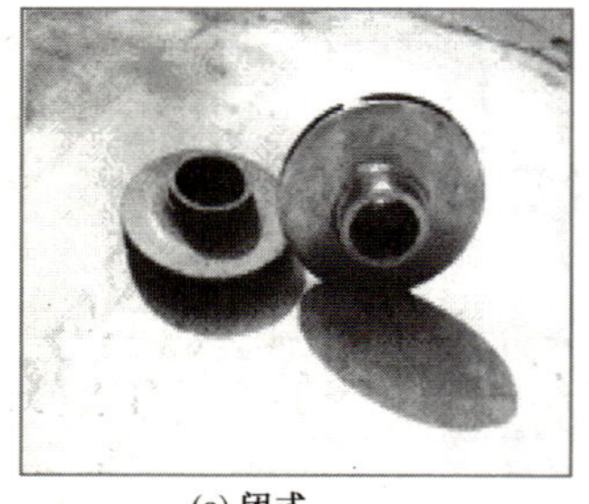

(a) 闭式

(b) 半闭式

(c) 开式

图 2－15　离心泵的叶轮

开式叶轮在叶片两侧无盖板，制造简单、清洗方便，适用于输送含有较大量悬浮物的物料，效率较低，输送的液体压力不高；半闭式叶轮在吸入口一侧无盖板，而在另一侧有盖板，适用于输送易沉淀或含有颗粒的物料，效率也较低；闭式叶轮在叶片两侧有前后盖板，效率高，适用于输送不含杂质的清洁液体。一般的离心泵叶轮多为闭式叶轮。

后盖板上的平衡孔以消除轴向推力。离开叶轮周边的液体压力已经较高，有一部分会渗到叶轮后盖板后侧，而叶轮前侧液体入口处为低压，因而产生了将叶轮推向泵入口一侧的轴向推力。这容易引起叶轮与泵壳接触处的磨损，严重时还会产生振动。平衡孔使一部分高压液体泄漏到低压区，减小叶轮前后的压力差，但由此也会引起泵效率的降低。

叶轮有单吸式和双吸式两种吸液方式，如图 2－16 所示。

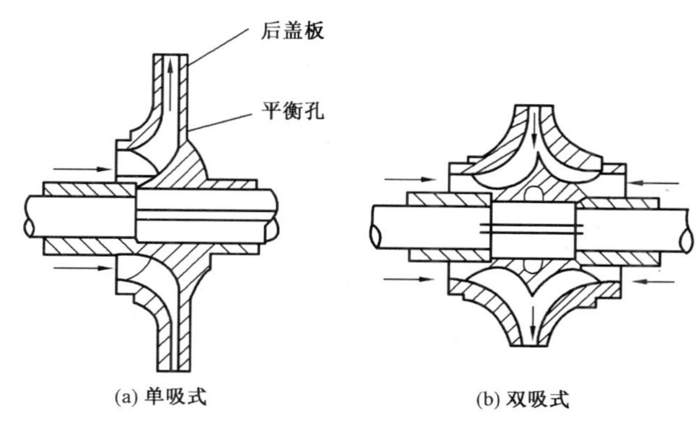

图 2－16　离心泵的吸液方式

(2)泵壳。

泵壳作用是将叶轮封闭在一定的空间，以便由叶轮的作用吸入和压出液体。泵壳多做成蜗壳形，故又称蜗壳。由于流道截面积逐渐扩大，故从叶轮四周甩出的高速液体逐渐降低流速，使部分动能有效地转换为静压能。泵壳不仅汇集由叶轮甩出的液体，同时又是一个能量转换装置。

为使泵内液体能量转换效率升高，叶轮外周安装导轮。导轮是位于叶轮外周固定的带叶片的环。这些叶片的弯曲方向与叶轮叶片的弯曲方向相反，其弯曲角度正好与液体从叶轮流出的方向相适应，引导液体在泵壳通道内平稳地改变方向，将使能量损耗减至最小，提高动能转换为静压能的效率。

(3)轴封装置。

轴封装置作用是防止泵壳内液体沿轴漏出或外界空气漏入泵壳内。

常用轴封装置有填料密封和机械密封两种。

填料一般用浸油或涂有石墨的石棉绳。机械密封主要的是靠装在轴上的动环与固定在泵壳上的静环之间端面作相对运动而达到密封的目的。

2)离心泵的类型

离心泵种类繁多，相应的分类方法也多种多样，例如，按液体的性质可分为清水泵、耐腐蚀泵、油泵、杂质泵、屏蔽泵、液下泵和低温泵等。各种类型的离心泵按其结构特点各自成为一个系列，并以一个或几个汉语拼音字母作为系列代号，在每一系列中，由于有各种不同的规格，因而附以不同的字母和数字来区别。以下仅对化工厂中常用离心泵的类型作一简单说明，见表2－4。

表2－4　离心泵的类型

类型		结构特点	用途
清水泵	IS型	单级单吸式。泵体和泵盖都是用铸铁制成。特点是泵体和泵盖为后开门结构形式，优点是检修方便，不用拆卸泵体、管路和电机	是应用最广的离心泵，用来输送清水以及物理、化学性质类似于水的清洁液体
	D型	多级泵，可达到较高的压头，如图2－17所示	要求的压头较高而流量并不太大的场合
	sh型	双吸式离心泵，叶轮有两个入口，故输送液体流量较大，如图2－18所示	输送液体的流量较大而所需的压头不高的场合
耐腐蚀泵（F型）		特点是与液体接触的部件用耐腐蚀材料制成，密封要求高，常采用机械密封装置 FH型（灰口铸铁）FG型（高硅铸铁）FB型（铬镍合金钢）FM型（铬镍钼钛合金钢）Fs型（聚三氟氯乙烯塑料）	输送酸、碱等腐蚀性液体
油泵（Y型）		有良好的密封性能。热油泵的轴密封装置和轴承都装有冷却水夹套	输送石油产品
杂质泵（P型）		叶轮流道宽，叶片数目少，常采用半敞式或敞式叶轮。有些泵壳内衬以耐磨的铸钢护板。不易堵塞，容易拆卸，耐磨 PW型（污水泵）PS型（砂泵）PN（钻井泵）	输送悬浮液及粘稠的浆液等
屏蔽泵		无泄漏泵，叶轮和电机联为一个整体并密封在同一泵壳内，不需要轴封装置。缺点是效率较低，约为26%～50%	常输送易燃、易爆、剧毒及具有放射性的液体
液下泵（EY型）		液下泵经常安装在液体贮槽内，对轴封要求不高，既节省了空间又改善了操作环境。其缺点是效率不高	适用于输送化工过程中各种腐蚀性液体和高凝固点液体

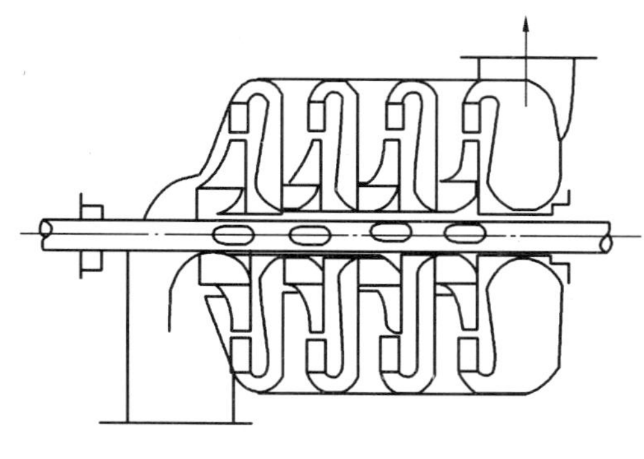

图 2－17　多级泵示意图

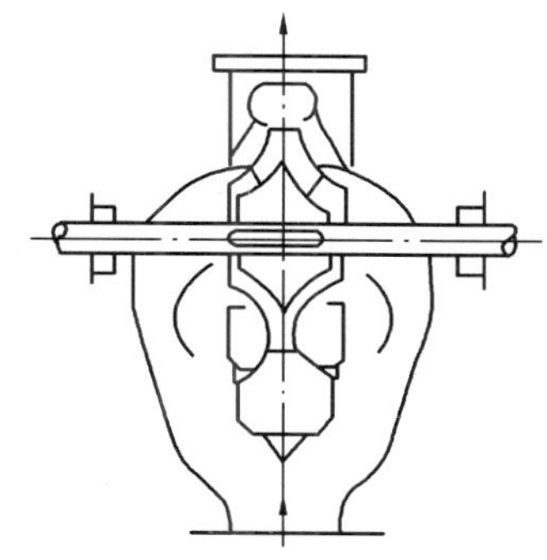

图 2－18　双吸式离心泵示意图

6. 离心泵的工作原理

离心泵的叶轮安装在泵壳内，并紧固在泵轴上，泵轴由电机直接带动。液体经底阀和吸入管进入泵内，由压出管排出。

在泵启动前，泵壳内灌满被输送的液体；启动后，叶轮由轴带动高速转动，叶片间的液体也必须随着转动。在离心力的作用下，液体从叶轮中心被抛向外缘并获得能量，以高速离开叶轮外缘进入蜗形泵壳。在蜗壳中，液体由于流道的逐渐扩大而减速，又将部分动能转变为静压能，最后以较高的压力流入排出管道，送至需要场所。液体由叶轮中心流向外缘时，在叶轮中心形成了一定的真空，由于贮槽液面上方的压力大于泵入口处的压力，液体便被连续压入叶轮中。可见，只要叶轮不断地转动，液体便会不断地被吸入和排出。

小资料

气缚现象

如果离心泵在启动前壳内充满的是气体，则启动后叶轮中心气体被抛时不能在该处形成足够大的真空度，这样槽内液体便不能被吸上，这一现象称为气缚。

为防止气缚现象的发生，离心泵启动前要用液体将泵壳内空间灌满。这一步操作称为灌泵。为防止灌入泵壳内的液体因重力流入低位槽内，在泵吸入管路的入口处装有止逆阀（底阀）；如果泵的位置低于槽内液面，则启动前无须灌泵，只要将出口阀打开，液体便自动流入泵内。

7. 离心泵的主要性能参数和特性曲线

1）离心泵的主要性能参数

离心泵的性能参数是用以描述离心泵性能的物理量，见表 2－5。

表 2－5　离心泵的主要性能参数

性能参数	单位	定义	影响因素
流量 Q	m^3/h m^3/s	离心泵在单位时间内排入到管路系统内液体的体积	泵的结构尺寸(如叶轮的直径与叶片的宽度)和叶轮的转速。离心泵的实际流量还与管路特性有关
扬程 H	m	离心泵向单位重量液体提供的机械能	离心泵的扬程取决于泵的结构(如叶轮的直径、叶片的弯曲情况等)、叶轮的转速和离心泵的流量。在指定的转速下,压头与流量之间具有一确定的关系。其值由实验测得
轴功率 P	W kW	指泵轴所需的功率 $P=\frac{P_e}{\eta}\times100\%$ $P_e=QH\rho g$	随设备的尺寸、流体的粘度、流量等增大而增大
效率 η	无量纲	指离心泵的有效功率与轴功率之比,反映离心泵能量损失的大小	离心泵的效率与泵的大小、类型、制造精密程度和所输送液体的性质、流量有关,一般小型泵的效率为 50% ~70%,大型泵可达到 90% 左右,此值是由实验测得的

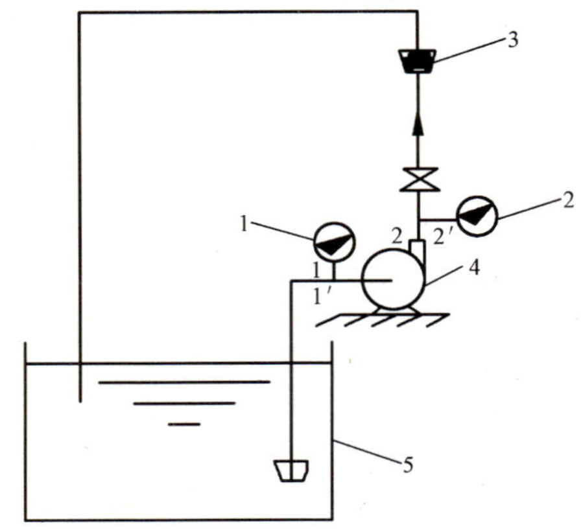

图 2－19　离心泵特性曲线的测定装置

1—压力表;2—真空表;3—流量计;4—泵;5—贮槽

【例 2－6】　采用如图 2－19 所示的实验装置来测定离心泵的性能。泵的吸入管与排出管具有相同的直径,两测压口间垂直距离为 0.5m。泵的转速为 2900r/min。以 20℃清水为介质测得以下数据:流量为 $54m^3/h$,泵出口处表压为 255kPa,入口处真空表读数为 26.7kPa,功率表测得所消耗功率为 6.2kW。泵由电动机直接带动,电动机的效率为 93%。试求该泵在输送条件下的扬程、轴功率、效率。

解:(1)泵的扬程。

在真空表和压力表所处位置的截面分别以 1－1′和 2－2′表示列伯努利方程式,即:

$$z_1+\frac{p_1}{\rho g}+\frac{u_1^2}{2g}+H=z_2+\frac{p_2}{\rho g}+\frac{u_2^2}{2g}+\Sigma H_{f1-2}$$

其中:$z_2-z_1=0.5m$,$p_1=-26.7kPa$(表压),$p_2=255kPa$(表压),$u_1=u_2$。

因两测口的管路很短,其间流动阻力可忽略不计,即 $\Sigma H_{f1-2}=0$,所以有:

$$H=0.5+\frac{255\times10^3+26.7\times10^3}{1000\times9.81}=29.2(m)$$

(2)泵的轴功率。

功率表测得的功率为电动机的消耗功率，由于泵由电动机直接带动，传动效率可视为100%，所以电动机的输出功率等于泵的轴功率。因电动机本身消耗部分功率，其效率为93%，于是电动机输出功率为：

$$\text{电动机消耗功率} \times \text{电动机效率} = 6.2 \times 0.93 = 5.77(\text{kW})$$

泵的轴功率为 $P=5.77\text{kW}$。

(3)泵的效率。

$$\eta = \frac{P_e}{P} \times 100\% = \frac{QH\rho g}{P} \times 100\% = \frac{54 \times 29.2 \times 1000 \times 9.807}{3600 \times 5.77 \times 1000} \times 100\% = 74.4\%$$

2)离心泵的特性曲线

理论及实验均表明，离心泵的扬程、功率及效率等主要性能均与流量有关。为了便于使用者更好地了解和利用离心泵的性能，常把它们与流量之间的关系用图表示出来，就是离心泵的特性曲线。

离心泵的特性曲线一般由离心泵的生产厂家提供，标绘于泵的产品说明书中，其测定条件一般是20℃清水，转速也固定。典型的离心泵性能曲线如图2－20所示。

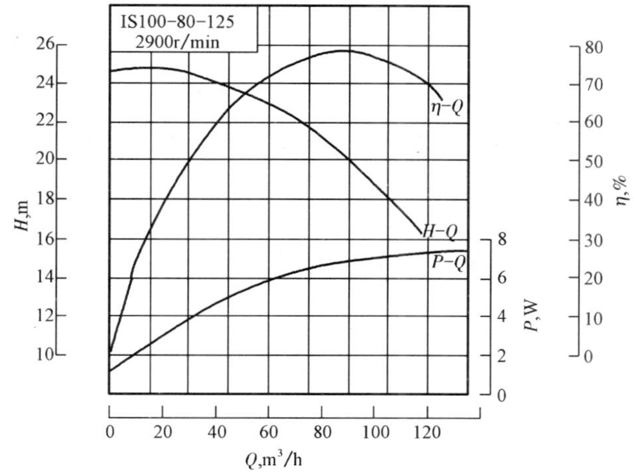

图2－20　离心泵性能曲线示意图

(1)$H-Q$ 曲线：表示泵的扬程与流量的关系。离心泵的扬程随流量的增大而减小（在流量极小时有例外）。

(2)$P-Q$ 曲线：表示泵的轴功率与流量的关系。离心泵的轴功率随流量的增大而上升，流量为零时轴功率最小。故离心泵启动时，应关闭泵的出口阀门，使电机的启动电流减少，以保护电机。

(3)$\eta-Q$ 曲线：表示泵的效率与流量的关系。当 $Q=0$ 时，$\eta=0$；随着流量的增大，效率随之而上升达到一个最大值，而后随流量再增大时效率便下降。说明离心泵在一定转速下有一最高效率点，称为设计点。泵在与最高效率相对应的流量及扬程下工作最为经济，所以与最高

效率点对应的 Q、H、P 值成为最佳工况参数。离心泵的铭牌上标出的性能参数就是指该泵在最高效率点运行时的工况参数。根据输送条件的要求，离心泵往往不可能正好在最佳工况下运转，因此一般只能规定一个工作范围，称为泵的高效率区，通常为最高效率的92%左右。选用离心泵时，应尽可能使泵在此范围内工作。

活动建议

通过实际操作，组织学生讨论离心泵特性的影响因素。

8. 离心泵的选用

离心泵的选用，通常可按下列原则进行：

(1)确定离心泵的类型。

根据被输送液体的性质和操作条件确定离心泵的类型，如液体的温度、压力、粘度、腐蚀性、固体粒子含量以及是否易燃易爆等都是选用离心泵类型的重要依据。

(2)确定输送系统的流量和扬程。

输送液体的流量一般为生产任务所规定，如果流量是变化的，应按最大流量考虑。根据管路条件及伯努利方程，确定最大流量下所需要的压头。

(3)确定离心泵的型号。

根据管路要求的流量 Q 和扬程 H 来选定合适的离心泵型号。在选用时，应考虑到操作条件的变化并留有一定的余量。选用时要使所选泵的流量与扬程比任务需要的稍大一些。如果用系列特性曲线来选，要使(Q,H)点落在泵的 $H-Q$ 线以下，并处在高效区。

若有几种型号的泵同时满足管路的具体要求，则应选效率较高的，同时也要考虑泵的价格。

(4)校核轴功率。

当液体密度大于水的密度时，必须校核轴功率。

(5)列出泵在设计点处的性能，供使用时参考。

9. 离心泵的安装

1)离心泵的气蚀现象

(1)离心泵的气蚀现象。

离心泵的吸液是靠吸入液面与吸入口间的压差完成的。吸入管路越高，吸上高度越大，则吸入口处的压力将越小。当吸入口处压力小于操作条件下被输送液体的饱和蒸气压时，液体将会汽化产生气泡，含有气泡的液体进入泵体后，在旋转叶轮的作用下进入高压区，气泡在高压的作用下，又会凝结为液体。由于原气泡位置的空出造成局部真空，使周围液体在高压的作用下迅速填补原气泡所占空间。这种高速冲击频率很高，可以达到每秒几千次，冲击压强可以达到数百个大气压甚至更高。这种高强度高频率的冲击，轻的能造成叶轮的疲劳，重的则可以将叶轮与泵壳破坏，甚至能把叶轮打成蜂窝状。这种由于被输送液体在泵体内汽化再凝结对叶轮产生剥蚀的现象称为离心泵的气蚀现象。

(2)气蚀的危害。

气蚀现象发生时，会产生噪声并引起振动，流量、扬程及效率均会迅速下降，严重时不能吸液。工程上规定，当泵的扬程下降3%时，便进入了气蚀状态。

2）离心泵的安装高度

工程上从根本上避免气蚀现象的方法是限制泵的安装高度。避免离心泵气蚀现象发生的最大安装高度，称为离心泵的允许安装高度，也称为允许吸上高度，是指泵的吸入口 1－1′与吸入贮槽液面 0－0′间可允许达到的最大垂直距离，以符号 H_g 表示，如图 2－21。假定泵在可允许的最高位置上操作，以液面为基准面，列贮槽液面 0－0′与泵的吸入口 1－1′两截面间的伯努利方程式，可得：

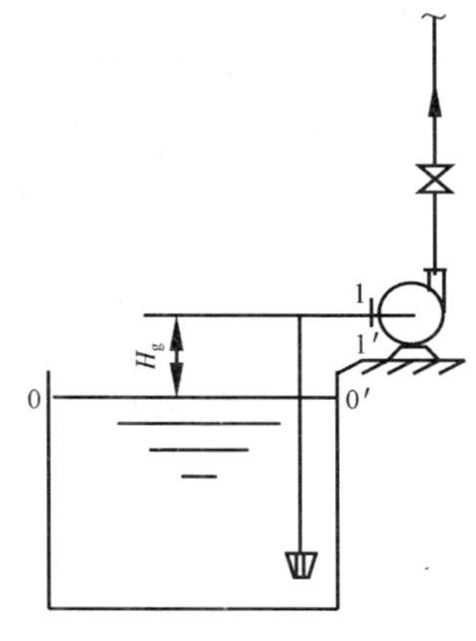

图 2－21　离心泵的允许安装高度

$$H_g = \frac{p_0 - p_1}{\rho g} - \frac{u_1^2}{2g} - \Sigma h_{f0-1} \qquad (2-22)$$

式中　H_g——允许安装高度，m；

p_0——吸入液面压力，Pa；

p_1——吸入口允许的最低压力，Pa；

u_1——吸入口处的流速，m/s；

ρ——被输送液体的密度，kg/m^3；

$\Sigma H_{f,0-1}$——流体流经吸入管的阻力，m。

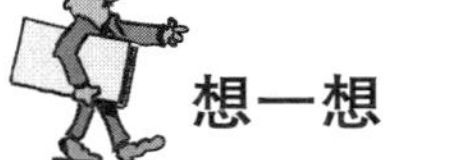

想一想　离心泵的安装高度的影响因素有哪些？

3）离心泵的安装高度计算

工业生产中，计算离心泵的允许安装高度常用允许气蚀余量法。离心泵的抗气蚀性能参数也用允许气蚀余量来表示。允许气蚀余量是指在保证离心泵不发生气蚀的前提下，泵吸入口处动压头与静压头之和比被输送液体的饱和蒸气压头高出的最小值，用 Δh 表示，即

$$\Delta h = \frac{p_1}{\rho g} + \frac{u_1^2}{2g} - \frac{p_v}{\rho g} \qquad (2-23)$$

将上式代入（1－23）得

$$H_g = \frac{p_0}{\rho g} - \frac{p_v}{\rho g} - \Delta h - \Sigma H_{f,0-1} \qquad (2-24)$$

式中　Δh——允许气蚀余量，由泵的性能表查得，m；

p_v——操作温度下液体的饱和蒸气压，Pa。

Δh 随流量增大而增大，因此，在确定允许安装高度时应取最大流量下的 Δh。

当允许安装高度为负值时，离心泵的吸入口低于贮槽液面。

为安全起见，泵的实际安装高度通常比允许安装高度低 0.5～1m。

【**例 2－7**】 型号为 IS65－40－200 的离心泵，转速为 2900r/min，流量为 $25m^3/h$，扬程为 50m，压头损失为 2.0m，此泵用来将敞口水池中 50℃的水送出。已知吸入管路的总阻力损失为 2m 水柱，当地大气压力为 100kPa。求泵的安装高度。

解：查附录得 50℃水的饱和蒸气压为 12.34kPa，水的密度为 $998.1kg/m^3$。已知 p_0 = 100kPa，Δh = 2.0m，Σh_{f1-2} = 2m。

$$H_g = \frac{p_0}{\rho g} - \frac{p_v}{\rho g} - \Delta h - \Sigma H_{f0-1} = \frac{100 \times 1000 - 12.34 \times 1000}{998.1 \times 9.81} - 2.0 - 2 = 5.04(\mathrm{m})$$

因此，泵的安装高度不应高于 5.04m。

10. 离心泵的操作

1）流量调节

在泵的叶轮转速一定时，一台泵在具体操作条件下所提供的液体流量和扬程可用 $H-Q$ 特性曲线上的一点来表示。至于这一点的具体位置，应视泵前后的管路情况而定。讨论泵的工作情况，不应脱离管路的具体情况。泵的工作特性由泵本身的特性和管路的特性共同决定。

（1）管路特性曲线。

由伯努利方程导出外加压头计算式：

$$H_e = \Delta z + \frac{\Delta p}{\rho g} + \frac{\Delta u^2}{2g} + \Sigma H_f \qquad (2-25)$$

Q 越大，则 ΣH_f 越大，则流动系统所需要的外加压头 H_e 越大。将通过某一特定管路的流量与其所需外加压头之间的关系称为管路的特性。

式（2－25）中的压头损失：

$$\Sigma H_f = \lambda\left(\frac{l + l_e}{d}\right)\frac{u^2}{2g} = \frac{8\lambda}{\pi^2 g}\left(\frac{l + l_e}{d^5}\right)Q^2 \qquad (2-26)$$

若忽略上、下游截面的动压头差，则有：

$$H_e = \Delta z + \frac{\Delta p}{\rho g} + \frac{8\lambda}{\pi^2 g}\left(\frac{l + l_e}{d^5}\right)Q^2 \qquad (2-27)$$

令 $A = \Delta z + \frac{\Delta p}{\rho g}$，若把 λ 看成常数，则有：

$$H_e = A + BQ^2 \qquad (2-28)$$

式（2－28）称为管路的特性方程，表达了管路所需要的外加压头与管路流量之间的关系。在 $H-Q$ 坐标中对应的曲线称为管路特性曲线，如图 2－22 所示。

管路特性曲线反映了特定管路在给定操作条件下流量与压头的关系。此曲线的形状只与管路的铺设情况及操作条件有关，而与泵的特性无关。

（2）离心泵的工作点。

将泵的 $H-Q$ 曲线与管路的 $H-Q$ 曲线绘在同一坐标系中，两曲线的交点 M 点称为泵的工作点，如图 2－23 所示。

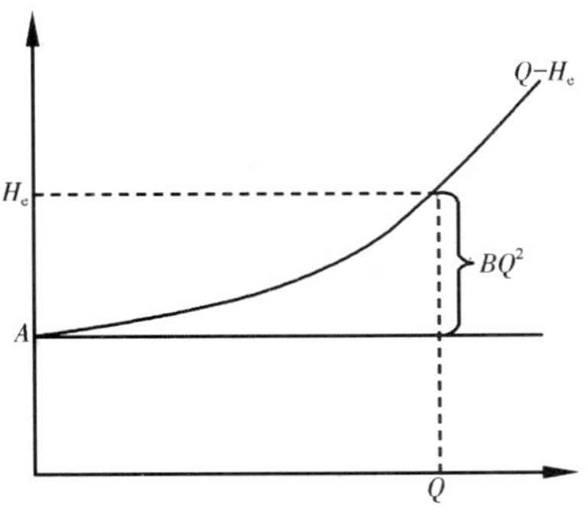

图 2-22 管路特性曲线

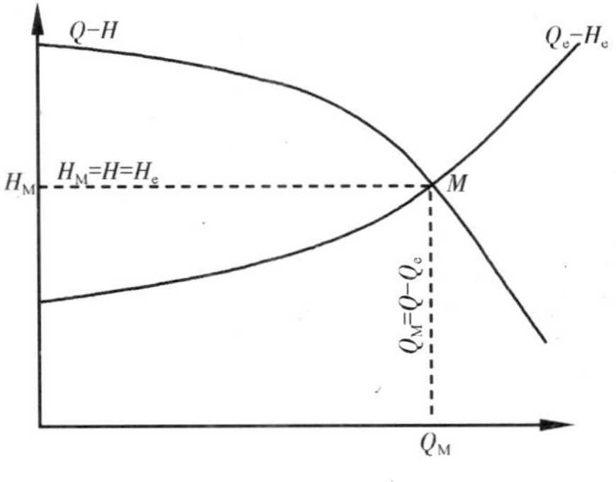

图 2-23 离心泵的工作点

① 泵的工作点由泵的特性和管路的特性共同决定,可通过联立求解泵的特性方程和管路的特性方程得到。

② 安装在管路中的泵,其输液量即为管路的流量;在该流量下泵提供的扬程也就是管路所需要的外加压头。因此,泵的工作点对应的泵压头既是泵提供的,也是管路需要的。

③ 指定泵安装在特定管路中,只能有一个稳定的工作点 M。

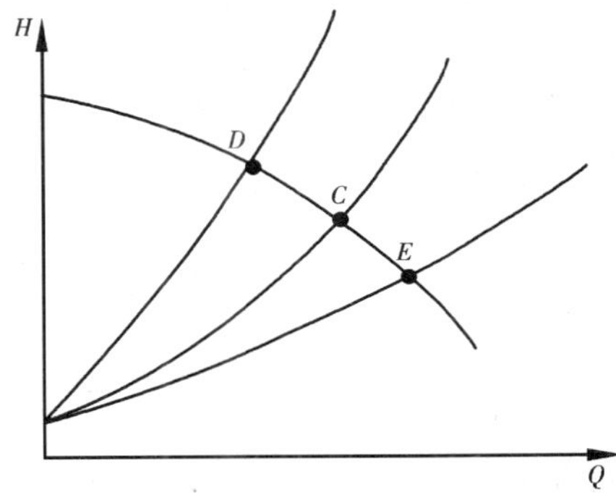

图 2-24 改变阀门的开度

(3)离心泵的流量调节。

由于生产任务的变化,管路需要的流量有时是需要改变的,这实际上就是要改变泵的工作点。由于泵的工作点由管路特性和泵的特性共同决定,因此改变泵的特性和管路特性均能改变工作点,从而达到调节流量的目的。

由式(1-28)可知,改变管路系统中的阀门开度可以改变 K 值,从而改变管路特性曲线的位置,使工作点也随之改变,如图 2-24 所示。生产中主要采取改变泵出口阀门开度的调节方法。

由于用阀门调节简单方便,且流量可连续变化,因此工业生产中主要采用此方法。

小资料

离心泵流量调节的其他方法

(1)改变叶轮转速。

叶轮转速增加,流量和压头均能增加。这种调节流量的方法合理、经济,但曾被认为是操作不方便,并且不能实现连续调节。但随着的现代工业技术的发展,无级变速设备在工业中的应用克服了上述缺点,该种调节方法能够使泵在高效区工作,这对大型泵的节能尤为重要。

(2)车削叶轮直径。

这种调节方法实施起来不方便,且调节范围也不大。

【例2-8】 确定泵是否满足输送要求。将浓度为95%的硝酸自常压罐输送至常压设备中去,要求输送量为$36m^3/h$,液体的升扬高度为7m。输送管路由内径为80mm的钢化玻璃管构成,总长为160m(包括所有局部阻力的当量长度)。现采用某种型号的耐酸泵,其性能列于本题附表中。问:(1)该泵是否合用?(2)实际的输送量、压头、效率及功率消耗各为多少?

Q,L/s	0	3	6	9	12	15
H,m	19.5	19	17.9	16.5	14.4	12
η,%	0	17	30	42	46	44

已知:酸液在输送温度下粘度为1.15×10^{-3} Pa·s,密度为$1545kg/m^3$,摩擦系数可取为0.015。

解:(1)对于本题,管路所需要压头通过在贮槽液面1-1′和常压设备液面2-2′之间列伯努利方程求得:

$$\frac{u_1^2}{2g}+z_1+\frac{p_1}{\rho g}+H_e=\frac{u_2^2}{2g}+z_2+\frac{p_2}{\rho g}+\Sigma H_{f1-2}$$

其中:$z_1=0$,$z_2=7$m,$p_1=p_2=0$(表压),$u_1=u_2\approx0$。

管内流速: $$u=\frac{Q}{\frac{\pi}{4}d^2}=\frac{36}{3600\times0.785\times0.080^2}=1.99(m/s)$$

管路压头损失: $$\Sigma H_f=\lambda\frac{l+\Sigma l_e}{d}\frac{u^2}{2g}=0.015\times\frac{160}{0.08}\times\frac{1.99^2}{2\times9.81}=6.06(m)$$

管路所需要的压头: $$H_e=(z_2-z_1)+\Sigma H_f=7+6.06=13.06(m)$$

以"L/s"计的管路所需流量: $$Q=\frac{36\times1000}{3600}=10(L/s)$$

由附表可以看出,该泵在流量为12L/s时所提供的压头即达到了14.4m,当流量为管路所需要的10L/s,它所提供的压头将会更高于管路所需要的13.06m,因此该泵对于完成题给输送任务是可用的。

由附表可以看出,该泵的最高效率为46%,流量为10L/s时该泵的效率大约为43%,因此该泵是在高效区工作的。

(2)实际的输送量、功率消耗和效率取决于泵的工作点,而工作点由管路特性和泵的特性共同决定。

由伯努利方程可得管路的特性方程为:$H_e=7+0.006058Q^2$(其中流量单位为L/s)。据此可以计算出各流量下管路所需要的压头,如下表所示:

Q,L/s	0	3	6	9	12	15
H,m	7	7.545	9.181	11.91	15.72	20.63

由上表可以作出管路的特性曲线和泵的特性曲线，如本题图 2 - 25 所示。两曲线的交点为工作点，其对应的压头为 14.8m，流量为 11.4L/s，效率 45% 轴功率可计算如下：

$$P = \frac{HQ\rho g}{\eta} = \frac{14.8 \times 11.4 \times 10^{-3} \times 1545 \times 9.807}{1000 \times 0.45} = 5.68(\mathrm{kW})$$

2) 离心泵的开停车操作

(1) 开车前的准备工作。

① 要详细了解被输送物料的物理、化学性质，有无腐蚀性、有无悬浮物、粘度大小、凝固点、汽化温度及饱和蒸气压等。

② 详细了解被输送物料的工况：输送温度、压力、流量、输送高度、吸入高度、负荷变动范围等。

③ 综合上述两方面的因素，参阅离心泵的特性曲线，从而选出最适合生产实际使用的离心泵。

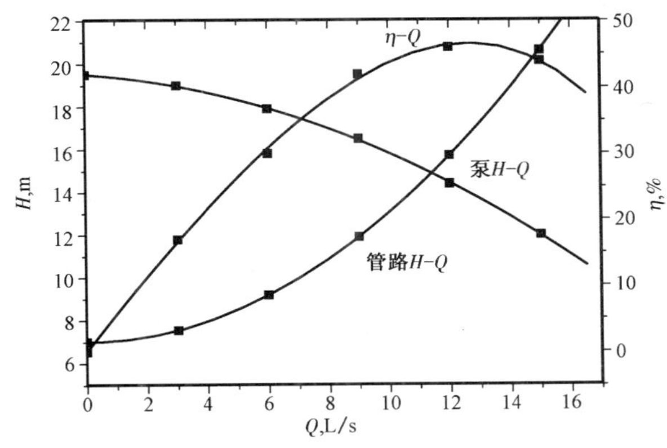

图 2 - 25　例 2 - 8 图

④ 对一些要求较高的离心泵，应在设计中考虑在进口管安装过滤器，在出口阀后安装止逆阀，同时应在操作室及现场设置两套监控装置，以应付突发事故的发生。

⑤ 安装完毕后要进行试运转，在试运转中各项性能指标均符合要求的泵才能投入生产。

(2) 开车程序。

① 开泵前应先打开泵的入口阀及密封液阀，检查泵体内是否已充满液体。

② 在确认泵体内已充满液体且密封液流动正常时，通知接料岗位，启动离心泵。

③ 慢慢打开泵的出门阀，通过流量及压力指示，将出口阀调节至需要流量。

(3) 停车程序。

① 与接料岗位取得联系后，慢慢关离心泵的出口阀。

② 按电动机按钮，停止电机运转。

③ 关闭离心泵进口阀及密封液阀。

(4) 两泵切换。

在生产过程中经常遇到两台泵切换的操作，应先启动备用泵，慢慢打开其出口阀，然后缓慢关闭原运行泵的出口阀。在这过程中要保持与中央控制室的联系，维持离心泵输出流量的稳定，避免因流量波动造成系统停车。

3) 日常运行与维护

(1) 运行过程中的检查。

① 检查被抽出液罐的液面，防止物料抽空。

② 检查泵的出口压力或流量指示是否稳定。

③ 检查端面密封液的流量是否正常。

④ 检查泵体有无泄漏。

⑤ 检查泵体及轴承系统有无异常声音及振动。

⑥ 检查泵轴的润滑油是否充满完好。

(2)离心泵的维护。

① 检查泵进口阀前的过滤器,看滤网是否破损,如有破损应及时更换,以免焊渣等颗粒进入泵体,定时清洗滤网。

② 对泵壳及叶轮进行解体、清洗重新组装。调整好叶轮与泵壳的间隙。叶轮有损坏及腐蚀情况的应分析原因并进行及时处理。

③ 清洗轴封、轴套系统。更换润滑油,以保持良好的润滑状态。

④ 及时更换填料密封的填料,并调节至合适的松紧度;采用机械密封的应及时更换动环和密封液。

⑤ 检查电机。长期停车后,再开车前应将电机进行干燥处理。

⑥ 检查现场及遥控的一、二次仪表的指示是否正确及灵活好用,对失灵的仪表及部件进行维修或更换。

⑦ 检查泵的进口阀、出口阀的阀体,是否有因磨损而发生内漏等情况,如有内漏,应及时更换阀门。

(二)技能训练与测试

1. 离心泵的开、停操作及切换操作训练

1)训练目的

(1)掌握离心泵的结构与特性,学会离心泵的操作。

(2)掌握离心泵操作的开、停操作及切换操作。

2)训练准备

(1)了解离心泵的结构与特性及基本原理。

(2)了解离心泵流量调节的工作原理和使用方法。

3)训练装置示意图

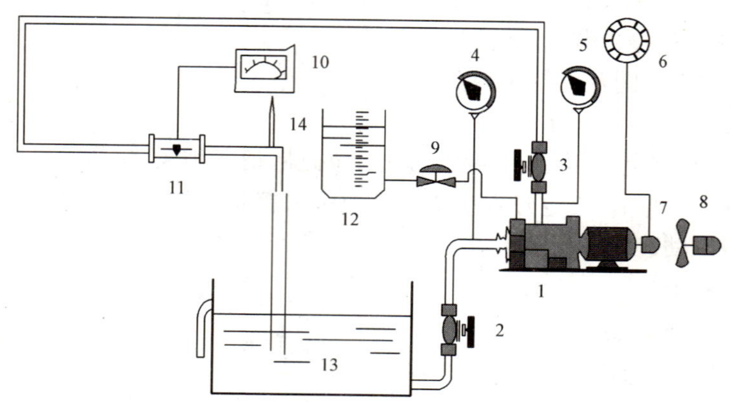

图 2-26 离心泵操作示意图

1—离心泵;2—进口阀;3—出口阀;4—真空泵;5—压力表;6—转速显示表;7—转速传感器;8—冷却风机;9—灌水阀;10—频率表;11—涡轮流量计;12—计量槽;13—水槽;14—温度计

4）训练步骤（要领）

[　]：操作　　（　）：确定　　完成后在[　]或（　）中划√

（1）开泵操作。

A 级　操作纲要

初始状态 S_0
离心泵冷态、静止状态—隔离—机、电、仪及辅助系统准备就绪

① 开泵准备：

[　] 开泵前的检查、准备；

[　] 冷却水、密封冲洗系统投用；

[　] 预热、灌泵；

[　] 盘车检查。

状态 S_1
离心泵具备开泵条件

② 启动泵：

状态 S_2
离心泵开泵运行

③ 启动后的检查和调整：

最终状态 F_S
离心泵正常运行

B 级　操作纲领

初始状态 S_0
离心泵常温、静止状态—隔离—机、电、仪及辅助系统准备就绪

教学条件：用电动机驱动的离心泵：常温泵。

① 初始状态确认：

（　）泵处于常温，无介质；

（　）泵的入口过滤器干净并安装好；

（　）进口阀、出口阀完好且关闭；

（　）确认轴承箱油位正常，在 1/2 ~ 2/3 之间；

（　）泵放空，排液阀关闭；

（　）对轮护罩完好、牢固；

( ) 泵电机变频器正常；

( ) 确认选择压力表完好；

( ) 确认泵体静电接地完好。

② 开泵前的检查、准备：

( ) 泵、电机外观检查正常。地脚螺栓紧固，紧固件无松动；

( ) 联系电工送电(观察指示灯)；

( ) 轴承箱润滑油液位在 1/2 ~2/3 之间；

( ) 轴承箱油品外观清澈明亮；

( ) 对轮护罩完好、牢固；

( ) 检查泵的工艺流程正常；

( ) 确认工艺流程正确；

( ) 泵电机变频器信号给到 0% 。

③ 灌泵：

[ ]打开泵出口放空阀排气；

( ) 稍开泵入口；

( ) 确认排气完毕(放空见油)；

( ) 确认泄漏不大于 10 滴/min；

[ ] 关闭泵放空阀；

[ ] 盘车 180°且无卡涩、偏重现象。

④ 盘车检查：

[ ] 盘车 3 ~5 圈，且无卡涩、偏重现象。

状态 S_1 离心泵具备开泵条件

⑤ 泵的启动：

( ) 泵入口阀全开；

( ) 确认泵出口阀关闭；

[ ] 启动电机；

( ) 泵运行无异常摩擦，也无异常声响；

( ) 当出口达到工艺条件，缓慢打开泵出口阀至工艺要求范围；

[ ] 调节出口手阀及控制阀达到需要的流量、压力；

[ ] 如果出现下列情况，立即停泵：异常泄漏(重油大于 5 滴/min，轻油大于 10 滴/min)；振动异常(振动大于 0.06mm)。

状态 S_2 离心泵运行

⑥ 启动后的检查和调整：

泵

（　）用测振仪测泵轴承振动，正常确认不大于 ±0.06mm；

（　）用红外线测温仪测轴承温度，确认不大于 65℃；

（　）机械密封的泄漏：轻质油泄漏量不大于 10 滴/min，重质油泄漏量不大于 5 滴/min；

（　）轴承箱油位在 1/2 ~2/3 之间；

（　）轴承箱内润滑油清澈明亮；

（　）管线、阀门、法兰无泄漏；

（　）出口压力满足工艺要求。

动力设备

（　）用红外线测温仪测电机轴承温度，确认不大于 65℃；

（　）用红外线测温仪测电机温度，确认不大于 65℃；

（　）用测振仪测轴承振动，正常确认不大于 ±0.06mm，无异常声响。

工艺系统

（　）确认泵入口压力稳定且满足工艺要求；

（　）确认泵出口流量稳定，满足工艺要求。

最终状态 F_s 离心泵正常运行

最终状态确认

（　）泵本体正常；

（　）动力设备正常；

（　）工艺系统正常。

C 级　辅助说明

① 200℃以上为高温泵，200℃以下为常温泵。

② 如介质温度超过 200℃，应进行预热。预热方法：泵入口阀全开，开泵出口预热阀，利用输送的热介质不断地通过泵体进行预热，预热速度为 50℃/h，预热时每 2h 盘车一次。

(2)停泵操作。

A 级　操作框架

初始状态 S_0 离心泵运行状态

① 停泵：

状态 S_1 离心泵停运

② 停泵交付检修：

最终状态 F_s 泵交付检修

B 级　停泵操作

初始状态 S_0 离心泵运行状态

教学条件:用电动机驱动的离心泵:常温泵。

① 初始状态确认:

(　) 泵入口阀全开。

(　) 泵出口阀全开。

(　) 泵出口有压力。

② 停泵:

[　] 缓慢关闭泵出口线上的手阀。

[　] 按下停止按钮。

状态 S_1 离心泵停运

③ 隔离:

[　] 关闭泵入口阀。

[　] 关闭泵出口阀。

④ 常温泵排空:

[　] 从出口压力表放空。

(　) 确认泵排干净。

⑤ 交付检修:

[　] 出口、入口阀关闭。

(　) 确认放空阀开。

最终状态 F_s 离心泵交付检修

最终状态:

(　) 确认泵已与系统相连的阀门全部关闭或打盲板。

(　) 确认电动机断电。

C 级　辅助说明

① 对输送含可燃气或有毒、有害介质的机泵应进行氮气转换。

② 对输送高凝点液体的机泵,需要检修前进行柴油转换。

③ 如介质温度超过 200℃,应进行预热。预热方法:泵入口阀全开,预热线阀开少许(以泵不倒转为原则),利用输送的热介质不断地通过泵体进行预热,预热速度为 50℃/h。

④ 不论是热介质还是冷介质，都要随时密切关注泵的排空情况。

⑤ 在泵附近准备好以下设施：

a. 消防水带、消防蒸汽带、灭火器、

b. 在液态烃泄压时，应缓慢排放。

(3) 切换操作。

A 级　操作纲要

初始状态 S_0 在用泵运行状态，备用泵准备就绪，具备启动条件

① 启动备用泵：

状态 S_1 离心泵具备切换条件

② 切换：

状态 S_2 离心泵切换完毕

③ 切换后的调整和确认：

[　] 运转泵；

[　] 停用泵。

最终状态 F_s 备用泵启运后正常运行，原在用泵停用

B 级　切换操作

初始状态 S_0 在用泵运行状态，备用泵准备就绪，具备启动条件

① 初始状态确认。

在用泵

(　) 泵入口阀全开；

(　) 泵出口阀开；

(　) 确认有单向阀的旁路阀关闭；

(　) 放空阀关闭；

(　) 泵出口压力满足工艺条件。

备用泵

(　) 泵入口阀全开；

(　) 泵出口阀关闭；

(　) 给电机送电。

② 启动备用泵(不带负荷)。

③ 启动电动泵:

[ ] 备用泵盘车180°;

[ ] 启动备用泵电动机;

[ ] 如果出现下列情况,立即停止启动泵:异常泄漏(重油大于5滴/min,轻油大于10滴/min);振动异常(振动大于0.06mm);

( ) 确认泵出口压力达到工艺条件。

状态 S_1
离心泵具备切换条件

④ 切换:

[ ] 缓慢打开备用泵出口阀;

[ ] 逐渐关小运转泵的出口阀;

( ) 确认运转泵出口阀全关,备用泵出口阀开至合适位置,满足工艺要求;

[ ] 停运转泵电动机;

( ) 确认备用泵压力满足工艺要求;

[ ] 通过泵出口手阀及出口流量控制阀的开度控制泵的排量,以满足工艺要求。

注　意
切换过程要密切配合,协调一致,尽量减小出口流量和压力的波动

状态 S_2
离心泵切换完毕

⑤ 切换后的调整和确认。

运转泵

( ) 用测振仪测泵轴承振动,正常确认不大于±0.06mm;

( ) 用红外线测温仪测轴承温度,确认不大于65℃;

( ) 机械密封的泄漏:轻质油泄漏量不大于10滴/min,重质油泄漏量不大于5滴/min;

( ) 轴承箱油位在1/2~2/3之间;

( ) 轴承箱内润滑油清澈明亮;

( ) 管线、阀门、法兰无泄漏;

( ) 出口压力满足工艺要求。

动力设备

( ) 用红外线测温仪测电机轴承温度,确认不大于65℃;

( ) 用红外线测温仪测电机温度,确认不大于65℃;

( ) 用测振仪测轴承振动,正常确认不大于±0.06mm,无异常声响。

工艺系统

( ) 确认泵入口压力稳定且满足工艺要求;

(　) 确认泵出口流量稳定，满足工艺要求。

停用泵

对停用泵，根据要求进行热备用、冷备用或交付检修。

最终状态 F_s
备用泵启运后正常运行，原在用泵停用

最终状态确认：

(　) 停用泵按要求进行热备用、冷备用或交付检修。

2. 技能测试

1) 在用离心泵的日常维护

(1) 操作程序的规定及说明。

① 准备工作。

② 维护。

(2) 考核时限。

① 准备工作 2min。

② 正式操作 10min。

③ 超时 1min 从总分中扣 5 分，总超时 5min 停止操作。

(3) 考核评分。

① 考核事务由考评员统一负责。

② 考核采用百分制，100 分满分，60 分合格。

③ 考评员应对本工种具有熟练的检测经验，质检公正，评分准确。

④ 各项配分依精度高低和难易程度制定。

⑤ 评分方法：按单项扣分，每项检测点不少于两点。

评分记录表

试题名称		在用离心泵的日常维护						
序号	考核项目	评分要素	配分	评分标准	检测结果	扣分	得分	备注
1	准备工作	穿戴好劳保用品	5	劳保用品未穿戴整齐不得分				
2	维护	检查电机电流、泵出口压力、流量是否稳定在允许范围内	10	少检查一项扣 4 分				
		检查轴承温度	5	未检查不得分；指标不清楚扣 3 分				
		泵滚动轴承温度≤70℃	5	未检查不得分；指标不清楚扣 3 分				

续表

试题名称		在用离心泵的日常维护						
序号	考核项目	评分要素	配分	评分标准	检测结果	扣分	得分	备注
2	维护	泵滑动轴承温度≤65℃	5	未检查不得分;指标不清楚扣3分				
		电机温度≤环境温度+40℃	5	未检查不得分;指标不清楚扣3分				
		电机轴承温度≤70℃	5	未检查不得分;指标不清楚扣3分				
		检查机泵的振动情况,地脚螺栓是否松动	10	未检查不得分;振动指标不清楚扣3分				
		检查泵机械密封泄漏情况	5	未检查不得分				
		调节好冷却水用量,使被冷却部位无过热现象	5	被冷却部位有过热现象不得分;水量过大扣2分				
		检查润滑油质量及润滑情况,及时加注或更换润滑油(保持油位在1/2~2/3处,并严格执行“三级过滤”和“五定制度”)	15	未检查润滑油扣5分;油位指标不清楚扣5分;未执行润滑制度扣5分				
		在用泵出现抽空现象,应适当关小出口阀并及时联系检查抽空原因,加以处理	10	不会处理不得分				
		检查泵和电机的运转部位声音是否正常	10	未检查扣10分				
		搞好机泵及附属管线、阀门、压力表及周围环境卫生	5	卫生差不得分				
3	安全文明生产及其他	在规定时间内完成操作		每超时1min从总分中扣5分,超时5min停止操作				
合计			100					

考评员: 记分员: 年 月 日

2）离心泵的启动

（1）操作程序的规定及说明。

① 准备工作。

② 操作程序：

a. 启动前的检查；

b. 灌泵；

c. 开泵出口的压力表；

d. 盘车；

e. 启动；

f. 启动后的检查。

（2）考核时限。

① 准备工作 5min。

② 正式操作 25min。

③ 超时 1min 从总分中扣 5 分，总超时 5min 停止操作。

（3）考核评分。

① 考核事务由考评员统一负责。

② 考核采用百分制，100 分满分，60 分合格。

③ 考评员应对本工种具有熟练的检测经验，质检公正，评分准确。

④ 各项配分依精度高低和难易程度制定。

⑤ 评分方法：按单项扣分，每项检测点不少于两点。

评分记录表

试题名称		离心泵的启动						
序号	考核项目	评分要素	配分	评分标准	检测结果	扣分	得分	备注
1	准备工作	穿戴好劳保用品	3	劳动用品未穿戴整齐不得分				
		正确选用工具	2	选错不得分				
2	启动前的检查	检查泵进出口管线、阀门、法兰、压力表是否安装齐全、放空阀是否关闭	2	未检查不得分				
			5	有问题未处理不得分				
		检查地角螺栓是否松动、电机接地是否完好	2	未检查不得分				
			4	有问题未处理不得分				
		检查联轴器、防护罩螺栓是否拧紧	3	未检查不得分				
			4	有问题未处理不得分				
		检查冷却水是否畅通，检查润滑油液面是否在 1/2 ~ 2/3 处	4	未检查不得分				
			6	油面过高或过低、水不通不得分				

续表

<table>
<tr><td>试题名称</td><td colspan="8">离心泵的启动</td></tr>
<tr><td>序号</td><td>考核项目</td><td>评分要素</td><td>配分</td><td>评分标准</td><td>检测结果</td><td>扣分</td><td>得分</td><td>备注</td></tr>
<tr><td rowspan="3">3</td><td rowspan="3">灌泵</td><td rowspan="3">打开泵入口阀，泵内灌入液体，从泵的出口放空阀排气，至无气有液体流出为止</td><td>5</td><td>未灌泵不得分</td><td></td><td></td><td></td><td></td></tr>
<tr><td>5</td><td>未打开放空阀排净空气不得分</td><td></td><td></td><td></td><td></td></tr>
<tr><td>5</td><td>未关放空阀不得分</td><td></td><td></td><td></td><td></td></tr>
<tr><td rowspan="3">4</td><td rowspan="3">开泵出口的压力表</td><td rowspan="3">检查压力表并打开压力表手阀，手阀开度以避开虚扣的1～1.5扣</td><td>3</td><td>未检查压力表不得分</td><td></td><td></td><td></td><td></td></tr>
<tr><td>3</td><td>未打开压力表手阀不得分</td><td></td><td></td><td></td><td></td></tr>
<tr><td>5</td><td>开度过大不得分</td><td></td><td></td><td></td><td></td></tr>
<tr><td rowspan="2">5</td><td rowspan="2">盘车</td><td rowspan="2">检查备用泵盘车是否轻松灵活，检查泵体内是否有金属碰击声或摩擦声</td><td>5</td><td>未盘车不得分</td><td></td><td></td><td></td><td></td></tr>
<tr><td>5</td><td>发现异常未及时处理不得分</td><td></td><td></td><td></td><td></td></tr>
<tr><td rowspan="3">6</td><td rowspan="3">启动</td><td rowspan="3">启动电机压力正常时，逐渐打开出口阀，无异常后全开</td><td>5</td><td>开出口阀启泵不得分</td><td></td><td></td><td></td><td></td></tr>
<tr><td>4</td><td>未开出口阀不得分</td><td></td><td></td><td></td><td></td></tr>
<tr><td>3</td><td>开阀速度快不得分</td><td></td><td></td><td></td><td></td></tr>
<tr><td rowspan="4">7</td><td rowspan="4">启动后的检查</td><td>检查电流、电压</td><td>3</td><td>少查一项扣1.5分</td><td></td><td></td><td></td><td></td></tr>
<tr><td>检查泵、电机的轴承温度、运转声音及振动情况</td><td>5</td><td>未查不得分</td><td></td><td></td><td></td><td></td></tr>
<tr><td>检查密封泄漏情况</td><td>3</td><td>未查不得分</td><td></td><td></td><td></td><td></td></tr>
<tr><td>运行5min无异常方可离人</td><td>6</td><td>提前离开不得分</td><td></td><td></td><td></td><td></td></tr>
<tr><td>8</td><td>安全文明生产及其他</td><td>在规定时间完成操作</td><td></td><td>每超时1min从总分中扣5分，超时5min停止操作</td><td></td><td></td><td></td><td></td></tr>
<tr><td colspan="3">合　　计</td><td>100</td><td></td><td></td><td></td><td></td><td></td></tr>
</table>

考评员：　　　　　　　　　　　　记分员：　　　　　　　　　　　　年　　月　　日

五、学习情境考核评价

(一)学习情境考核评价标准

学习情境二	项目二　离心泵的开、停操作及切换操作			
序号	考核项目	考核要点	考核方式	分值
1	专业知识	教师通过现场抽查、答辩、布置临时作业等多种方式评估,教师根据考核情况确定等级	笔试与口试	20
2	技能考核	考核操作规范程度、熟练程度和按要求执行实习操作的程度	仿真操作	40
3	方法、能力	获取信息和语言表达、自学,提出问题、分析问题、解决问题的能力。按完成任务的质量标准,对每次任务质量进行评分,质量标准根据不同任务而定	制定计划或完成报告的情况	15
4	职业素质	遵纪守时(上课每旷1学时扣5分,迟到一次扣2分)、认真负责、积极主动、踏实肯干、团结协作、爱护公物等方面	教师评价	15
5	团队精神	服从组长的安排,积极主动,认真完成本项目;按照“5S”要求,实训场地打扫干净,工具摆放整齐,地板无污水及其他垃圾	小组间互评	10

(二)学生自评和组内互评表

学习情境:__________　第______学习小组　评分人:____________

评价指标 / 组员	专业知识的理解和掌握(20分)	技能考核(技能水平、操作规范)(40分)	方法、能力考核(制定计划或报告能力)(15分)	职业素质考核(“5S”与出勤执行情况)(15分)	团队精神考核(10分)	合计
组员1						
组员2						
组员3						
组员4						
组员5						
组员6						
组员7						
组员8						
自评						

(三)组间互评和教师评价表

学习情境:____________　第________子任务　　评分组:第______小组

评价指标 / 组员	专业知识的理解和掌握(20分)	技能考核(技能水平、操作规范)(40分)	方法、能力考核(制定计划或报告能力)(15分)	职业素质考核("5S"与出勤执行情况)(15分)	团队精神考核(10分)	合计
第1组						
第2组						
第3组						
第4组						
第5组						
第6组						
第7组						

学习情境三　离心泵的故障分析及处理

能力目标：

- 会维护保养离心泵；
- 能分析离心泵故障发生的原因并排除；
- 熟练掌握离心泵的仿真操作；
- 能进行操作评价，并书写报告。

知识目标：

- 了解离心泵的气蚀现象、气缚现象产生的原因及现象；
- 了解各设备的结构及工作原理；
- 掌握设备拆装的方法；
- 掌握离心泵常见操作事故与防止方法。

素质目标：

- 具有吃苦耐劳、爱岗敬业的职业意识；
- 树立踏实工作、安全第一的职业意识；
- 培养发现问题、解决问题的能力；
- 培养自我评价和评价他人的能力；
- 具有环境意识、社会责任感、参与意识。

一、学习工作任务单

<table>
<tr><td colspan="4">学习情境三：离心泵的故障分析及处理</td></tr>
<tr><td>学习小组</td><td></td><td>指导教师</td><td></td></tr>
<tr><td colspan="4">工作任务描述：
通过教师提供的参考书、教学课件、音像资料、自己查阅的参考资料，在教师的指导下学习离心泵正常运行特征及运行参数，人为设置故障，让学生利用所学知识排除故障，直至离心泵运行正常。使学生学会离心泵的故障判断及处理操作技能，提高学生自身职业能力</td></tr>
<tr><td colspan="4">具体工作任务：
(1)获得相关资料与信息：
① 流体输送基础知识；② 离心泵常见故障及特征；③ 离心泵的日常维护知识；④ 劳动工具的确定及使用；⑤ 消防安全器具的使用方法。
(2)根据相关信息制定、修改和确定工作实施方案。
(3)按照工作计划完成专业知识学习：人为设置故障，让学生利用所学知识排除故障，直至离心泵运行正常。
(4)对每一个已完成工作步骤进行记录和归档，并完成工作报告。
(5)讨论、总结、反思学习过程，撰写技术报告，各小组汇报学习体会，实现学习迁移。
(6)提交工作报告、工作记录、小组评分单、个人考核单、小组工作总结，材料归档、整理</td></tr>
<tr><td colspan="4">学习条件：
(1)多媒体教室；
(2)化工流体输送单元操作实训室；
(3)校外实训基地；
(4)图片、课件、音像资料、教学录像、网站资源等；
(5)学习情境、任务单、实施方案、工作记录表、考核单</td></tr>
</table>

二、学习情境实施计划

<table>
<tr><td colspan="2">学习情境三:离心泵的故障分析及处理</td><td>课时:16 学时</td></tr>
<tr><td colspan="2">授课班级:</td><td>教学学期:</td><td>授课教师:</td></tr>
<tr><td colspan="2">授课地点:校内实训基地</td><td>授课时间:</td><td>制定者:</td></tr>
<tr><td rowspan="3">学习过程设计</td><td colspan="3">学习情境描述:
根据本项目工作任务单要求详细计划每一个工作过程和步骤,以小组为单位制定一份完成工作任务的实施方案,任务完成后撰写一份工作报告。
本项目所针对的工作内容主要是对离心泵进行日常维护、发现问题并能及时解决问题的操作训练,具体内容包括:判断离心泵气蚀现象、气缚现象,离心泵的安装高度调节,了解流量自动调节控制基本原理;离心泵运行常见问题的分析及排除;熟练使用劳动工具和穿戴劳保用品;正确书写报告,培养学生分析和解决化工生产过程中离心泵运行常见实际问题的能力</td></tr>
<tr><td colspan="3">项目目标
(1)能力目标:
① 会维护保养离心泵;
② 能分析离心泵故障的原因并排除;
③ 熟练掌握离心泵的仿真操作;
④ 能进行操作评价,并书写报告。
(2)知识目标:
① 了解离心泵的气蚀现象、气缚现象产生的原因及现象;
② 了解各设备的结构及工作原理;
③ 掌握设备拆装的方法;
④ 掌握离心泵常见操作事故与防止方法。
(3)素质目标:
① 具有吃苦耐劳、爱岗敬业的职业意识;
② 树立踏实工作、安全第一的职业意识;
③ 培养发现问题、解决问题的能力;
④ 培养自我评价和评价他人的能力;
⑤ 具有环境意识、社会责任感、参与意识</td></tr>
<tr><td colspan="3">具体工作任务的设置:
(1)会维护保养离心泵;
(2)会拆装离心泵;
(3)能够进行简单的故障分析及处理;
(4)学员站使用方法及操作方法;
(5)离心泵的仿真操作;
(6)对每一个已完成工作步骤进行记录和归档,并提交工作报告</td></tr>
</table>

续表

<table>
<tr><td rowspan="6">学
习
过
程
设
计</td><td colspan="3">专业技术内容：
(1)拆装离心泵；
(2)离心泵的常见故障及处理；
(3)离心泵的常见操作事故与防止方法；
(4)仿真操作</td><td colspan="2">教学论与方法论建议：
项目教学法、四阶段教学法、“教学做”一体法</td></tr>
<tr><td colspan="5">教学条件与资源：
(1)多媒体教室(有可上网查阅资料的计算机工作台)；
(2)校内流体输送操作实训室(配置多种型号的离心泵实物;劳动必需的工具和材料;劳保用品)；
(3)仿真操作实训室(配置离心泵操作及故障处理的仿真操作系统)
(4)校外实训基地(泵房)；
(5)实施计划、工作任务单、工作记录表、考核单、图片、课件、音像资料、网络资源、教材与其他参考资料</td></tr>
<tr><td colspan="5">学习小组的行动阶段：</td></tr>
<tr><td>步骤</td><td>内容</td><td>教学进程</td><td>方法、媒介与环境</td><td>教学地点</td></tr>
<tr><td>资讯</td><td>(1)老师根据课程标准,下达离心泵的故障分析及处理工作任务；
(2)学生从工作任务中分析完成工作的必要信息；
(3)熟悉流体输送基础知识;离心泵安装及运行基础知识;化工设备机械基础知识;劳动工具的使用方法;消防安全器具的使用方法</td><td>1 学时</td><td>(1)查阅文献资料；
(2)课堂对话；
(3)教师指导</td><td>校内流体输送操作实训室、图书馆、仿真操作实训室、多媒体教室(有可上网查阅资料的计算机工作台)</td></tr>
<tr><td>计划</td><td>(1)学生 6 人一组,讨论并制定完成工作任务的实施方案；
(2)教师考查学生制做的方案,学生听取教师的建议,对方案做出修改,此阶段由教师和学生共同完成</td><td>2 学时</td><td>(1)以小组为单位,制定完成工作任务的实施方案；
(2)课堂分组；
(3)教师指导</td><td>(1)多媒体教室(有可上网查阅资料的计算机工作台)；
(2)校内流体输送操作实训室(配置多种型号的离心泵实物;劳动必需的工具和材料;劳保用品)；
(3)仿真操作实训室</td></tr>
</table>

续表

<table>
<tr><td rowspan="6">学习过程设计</td><td colspan="5">学习小组的行动阶段：</td></tr>
<tr><td>步骤</td><td>内容</td><td>教学进程</td><td>方法、媒介与环境</td><td>教学地点</td></tr>
<tr><td>决策</td><td>每组汇报各自的实施方案，教师组织大家听取各组的实施方案，分析实施方案的可行性，对于存在的问题提出意见或建议，确定成果提交方式</td><td>2 学时</td><td>(1)讨论方案，对每组方案进行答辩；
(2)教师指导</td><td>(1)多媒体教室；
(2)校内流体输送操作实训室(配置多种型号的离心泵实物；劳动必需的工具和材料；劳保用品)；
(3)仿真操作实训室</td></tr>
<tr><td>实施</td><td>学生以小组的形式在学习工作任务单的引导下，完成专业知识学习。人为设置故障，让学生利用所学知识排除故障，直至离心泵运行正常</td><td>8 学时</td><td>(1)在教师指导下合理运用获取的信息资料；
(2)咨询老师和工人师傅；
(3)在教师指导下完成基本技能训练</td><td>(1)多媒体教室；
(2)校内流体输送操作实训室(配置多种型号的离心泵实物；劳动必需的工具和材料；劳保用品)；
(3)仿真操作实训室</td></tr>
<tr><td>评估</td><td>(1)学生的工作状态；
(2)工作任务是否被整完成？
(3)新技术、新知识掌握情况</td><td>2 学时</td><td>(1)讨论；
(2)教师监督；
(3)教师对操作过程评分；
(4)学生反思工作过程并在小组中交流</td><td>校内流体输送操作实训室</td></tr>
<tr><td>检查</td><td>(1)是否完成学习任务；
(2)能否及时排除故障；
(3)工作过程中是否受到阻碍；
(4)团队合作是否协调；
(5)学习迁移是否实现；
(6)工作报告是否完整</td><td>1 学时</td><td>(1)课堂讨论；
(2)学生评价；
(3)小组评价；
(4)教师评价</td><td>校内流体输送操作实训室、仿真操作实训室</td></tr>
<tr><td colspan="6">课后分析：</td></tr>
</table>

三、学习情境引导文

<table>
<tr><td>工　作　单</td><td colspan="3">离心泵的故障分析及处理</td></tr>
<tr><td>任　　务</td><td colspan="3">离心泵的故障分析及处理</td></tr>
<tr><td>学习情境三</td><td>离心泵的故障分析及处理</td><td>学习领域二</td><td>石油化工流体输送单元操作</td></tr>
<tr><td>班　　级</td><td></td><td>姓　　名</td><td></td></tr>
<tr><td>学习小组</td><td></td><td>工作时间</td><td>16 学时</td></tr>
<tr><td colspan="4">任务描述</td></tr>
<tr><td colspan="4">通过本情境的学习，要求学员应做到：
(1)会维护保养离心泵；
(2)能够及时发现问题，并能及时处理故障；
(3)能有效地防止离心泵常见操作事故的发生；
(4)熟练掌握离心泵的仿真操作</td></tr>
<tr><td colspan="4">引导文</td></tr>
<tr><td colspan="4">【基础知识的认知】</td></tr>
<tr><td colspan="4">(1)启动离心泵之前为什么要引水灌泵？如果灌泵后依然启动不起来，你认为可能的原因是什么？</td></tr>
<tr><td colspan="4">(2)为什么用泵的出口阀门调节流量？这种方法有什么优缺点？</td></tr>
<tr><td colspan="4">(3)泵启动后，出口阀如果打不开，压力表读数是否会逐渐上升？为什么？</td></tr>
</table>

续表

【基础知识的认知】
(4)正常工作的离心泵在其进口管路上安装阀门是否合理？为什么？
(5)什么称为离心泵气蚀现象？气蚀现象有什么破坏作用？如何防止气蚀现象的发生？
(6)试分析用清水泵输送密度为1200kg/m^3 的盐水(忽略粘度的影响)，在相同流量下你认为泵的压力是否变化？轴功率是否变化？
【拓展能力训练】
(1)简答泵不能启动或启动负荷大的故障原因及处理办法。
(2)简答泵不排液的故障原因及处理办法。

续表

【拓展能力训练】
(3)简答泵排液后中断的故障原因及处理办法。
(4)一台离心泵在正常运行一段时间后流量开始下降,可能会有哪些原因导致其发生?
(5)简答扬程不够的故障原因及处理办法。
(6)简答运行中功耗大的故障原因及处理办法。
(7)简答发生水击的故障原因及处理办法。
(8)结合自己的学习认识过程,对学习情境给予其他说明,列写出你们小组可以提出的其他问题:

续表

【拓展能力训练】
(9)小组讨论并设计本小组的学习评价表,相互评价,给出小组成员的得分:
(10)对任务、学习的其他说明或建议:
指导教师评语:
任务完成人签字: 年　月　日 指导教师签字: 年　月　日

四、学材

随着石油化工等工业的不断发展对离心泵的要求不断增加。离心泵作为输送物料的一种转动设备,对连续性较强的化工装置生产尤为重要。因此,需要很多要求输送高温介质及高扬程的离心泵。而离心泵运转过程中难免会出现各种各样的故障。因而,如何提高泵运转的可靠性、寿命及效率,以及对发生的故障及时准确的判断处理是保证生产平稳运行的重要手段。

(一)支撑知识

1. 离心泵的日常检查与维护

1)泵及辅助系统

(1)用测振仪检查泵有无异常振动;

(2)用红外线测温仪检查轴承温度是否正常;

(3)检查润滑油液面在1/2~2/3之间,若液位低,则加油;

(4)外观检查润滑油油质清澈明亮;

(5)检查泄漏是否符合要求(轻质油不大于10滴/min,重质油不大于5滴/min);

(6)检查密封液是否正常(1/2~2/3之间)。

2)动力设备

检查电动机的运行是否正常。

3)工艺系统

(1)检查泵入口压力是否正常稳定;

(2)检查泵出口压力是否正常稳定且满足工艺要求。

4)其他

(1)备用泵按规定盘车24min,盘车180°;

(2)冬季注意防冻凝检查。

2. 常见问题处理

常见问题及处理方法见表3-1。

表3-1 常见问题及处理方法

常见问题	现象	原因	处理办法
离心泵抽空	(1)机泵出口压力表读数大幅度变化,电流表读数波动; (2)泵体及管线内有噼啪作响的声音; (3)泵出口流量减小许多,大幅度变化	(1)泵吸入管线泄漏; (2)入口管线堵塞或阀门开度小; (3)入口压头不够; (4)介质温度高,含水汽化; (5)介质温度低,粘度过大; (6)叶轮堵塞,电机反转; (7)油泵给封油过大	(1)排净机泵内的气体; (2)开大入口阀或疏通管线; (3)提高入口压头; (4)适当降低介质的温度; (5)适当降低介质的粘度; (6)汇报班长,班长找钳工拆检或电工检查; (7)适当减小油泵的封油量

续表

常见问题	现　象	原　因	处理办法
离心泵轴承温度升高	(1)用手摸轴承箱温度偏高; (2)电流读数偏高	(1)冷却水不足、中断或冷却水温度过高; (2)润滑油不足或过多; (3)轴承损坏或轴承间隙大小、不够标准; (4)甩油环失去作用; (5)轴承箱进水,润滑油乳化、变质,有杂物; (6)泵负荷过大	(1)给大冷却水或联系调度降低循环水的温度; (2)加注润滑油或调整润滑油液位至1/3~1/2; (3)汇报班长,班长联系钳工维修; (4)更换轴承腔内的润滑油; (5)根据工艺指标适当降低负荷。
离心泵产生振动	产生振动	(1)泵内有空气或吸入管内有空气; (2)吸入管压力小于或接近被输送流体的汽化压力; (3)转子不平衡; (4)轴承损坏或轴承间隙大; (5)泵与电机不同心; (6)转子与定子部分发生碰撞或摩擦; (7)叶轮松动; (8)入口管、叶轮内、泵内有杂物; (9)泵座基础共振	(1)重新灌泵,排净泵内或管线内的气体; (2)发生上述(2)~(9)现象,汇报班长,班长联系钳工处理
离心泵发生气蚀		(1)泵体内或输送介质内有气体; (2)吸入容器的液位太低; (3)吸入口压力太低; (4)吸入管内有异物堵塞; (5)叶轮损坏,吸入性能下降	(1)灌泵,排净泵体或管线内的气体; (2)提高容器中液面高度; (3)提高吸入口压力; (4)吹扫入口管线; (5)汇报班长,班长联系钳工检查更换叶轮
离心泵抱轴	(1)轴承箱温度高; (2)机泵噪声异常,振动剧烈; (3)润滑油中含金属碎屑; (4)电流增加,电机跳闸	(1)油箱缺油或无油; (2)润滑油质量不合格,有杂质或含水乳化; (3)冷却水中断或太小,造成轴承温度过高; (4)轴承本身质量差或运转时间过长造成疲劳老化	(1)及时切换至备用泵,停运转泵,同时通知内操; (2)汇报班长,班长联系钳工处理

续表

常见问题	现　　象	原　　因	处 理 办 法
离心泵泄漏	轻质油大于10滴/min,重质油大于5滴/min	(1)密封填料选用或安装不当; (2)填料磨损或压盖松; (3)机械密封损坏; (4)密封腔冷却水或封油量不足; (5)泵长时间抽空	(1)发生(1)~(3)现象汇报班长,班长联系钳工处理; (2)调节密封腔冷却水量或封油量; (3)如果泵抽空,按抽空处理
离心泵盘车不动	盘车不动	(1)防冻液凝固; (2)长期不盘车而卡死; (3)泵的部件损坏或卡住; (4)轴弯曲严重; (5)填料泵填料压得过紧	(1)吹扫预热; (2)加强盘车(预热泵); (3)发生(3)、(4)现象汇报班长,班长联系钳工处理
离心泵出口压力超标	出口压力表指示超标	(1)出口管线堵; (2)出口阀柄脱落(或开度太小); (3)压力表失灵; (4)泵入口压力过高; (5)油品含水太多(密度增大)	(1)处理出口管线; (2)检查更换; (3)更换压力表; (4)查找原因降低入口压力; (5)加强切水

3. 离心泵运转中如何换油

1)工作条件

一壶与运转泵所用型号相同润滑油;活扳手。

2)工作步骤

(1)轴承箱加油孔丝堵,打开加油孔,加注新油;

(2)轴承箱放油孔丝堵,排放旧油,直至旧油放净,拧紧放油孔丝堵(要求边加边放,轴承箱油位始终保持在1/2~2/3,严禁轴承箱缺油);

(3)注新油油位至1/2~2/3,停止加油,拧紧加油孔丝堵;

(4)擦拭泵体及泵座油污。

3)注意事项

操作时应谨慎,避免排油过快、加油过慢,导致轴承缺油。

(二)技能训练与测试

1. 离心泵的故障分析及处理操作实训

1)训练目的

(1)会离心泵的日常维护。

(2)能及时发现故障并能正确及时地采取必要的处理解决实际问题。

2)训练准备

(1)了解离心泵维护要点。

(2)学习离心泵常见故障现象、产生的原因及处理办法。

3)训练步骤(要领)

[　]:操作　　(　):确定　　完成后在[　]或(　)中划√

(　)确认发生故障机泵;

(　)根据现象,确定故障原因,拿出解决方案;

[　]关闭故障机泵出口阀;

[　]停电机;

[　]关闭入口阀;

[　]启动备用机泵;

[　]故障机泵冷却放空;

[　]交检修处理。

2. 离心泵操作仿真训练

1)训练目标

(1)了解离心泵结构与特性,学会离心泵的操作。

(2)掌握离心泵操作中故障的分析、判断及排除。

2)训练准备

(1)了解离心泵结构与特性及基本原理。

(2)掌握计算机控制系统的基本操作。

3)训练步骤(要领)

(1)工艺流程简介:

离心泵是化工生产过程中输送液体的常用设备之一,其工作原理是靠离心泵内、外压差不断地吸入液体,靠叶轮的高速旋转使液体获得动能,靠扩压管或导叶将动能转化为压力能,从而达到输送液体的目的。来自某一设备约40℃的带压液体经调节阀LV101进入带压罐V101,罐液位由液位控制器LIC101通过调节V101的进料量来控制;罐内压力由PIC101分程控制,PV101A、PV101B分别调节进入V101和出V101的氮气量,从而保持罐压恒定在5.0atm(表)。罐内液体由泵P101A/B抽出,泵出口流量在流量调节器FIC101的控制下输送到其他设备。

工艺流程(参考流程仿真界面)如图3－1所示。

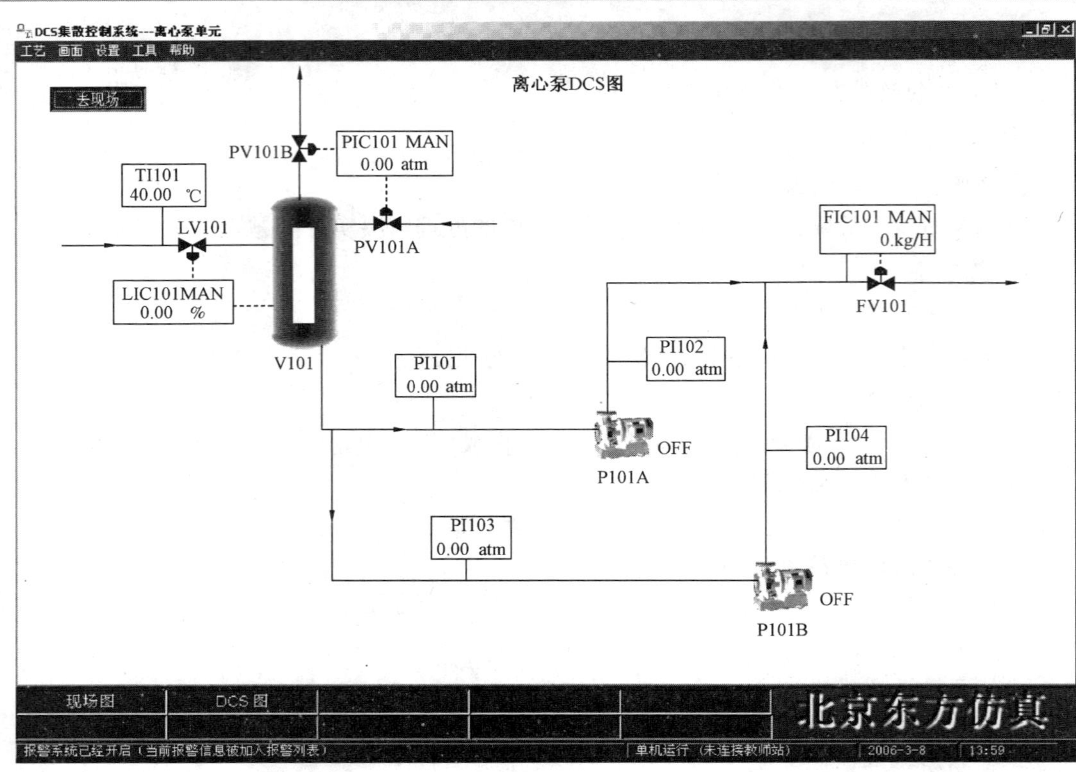

图 3-1　工艺流程图

(2)培训方案见表 3-2。

表 3-2　离心泵培训方案

编　　号	项 目 名 称	教学目的及重点
1	系统冷态开车操作规程	掌握装置的常规开车操作
2	系统正常操作规程	掌握装置的常规操作
3	系统正常停车操作规程	掌握装置的常规停车操作
4	P101A 泵坏	掌握故障处理操作
5	FIC101 阀卡	掌握故障处理操作
6	P101A 泵入口管线堵	尽快分析原因,恢复进料
7	P101A 泵气蚀	掌握故障处理操作
8	P101A 泵气缚	掌握故障处理操作

(3)操作。

① 准备工作

盘车;核对吸入条件;调整填料或机械密封装置。

② 启动泵前的准备工作。

灌泵;排气。

③ 启动离心泵。

启动离心泵;流体输送;调整操作参数。

④ 负荷调整。

可任意改变泵、按键的开关状态,手操阀的开度及液位调节阀、流量调节阀、分程压力调节阀的开度,观察其现象。

⑤ 停车操作规程。

V101 罐停进料;停泵;泵 P101A 泄液。

4)思考与分析

(1)泵 P101A 和泵 P101B 在进行切换时,应如何调节其出口阀 VD04 和 VD08,为什么要这样做?

(2)一台离心泵在正常运行一段时间后流量开始下降,可能会有哪些原因导致其发生?

(3)离心泵出口压力过高或过低应如何调节?

(4)离心泵入口压力过高或过低应如何调节?

DCS 操作中的无扰动切换

大型现代化化工厂的生产过程大多采用计算机控制。一个控制回路一般由一次测量元件、变送器、计算机、执行机构(大多为调节阀)构成。自动调节控制状态(简称自动状态)就是变送器将一次测量元件测得的信号转变成电信号并输入计算机,计算机不断将测得的参数(称为实测值)与设定值比较,根据实测值的偏离方向(偏大还是偏小)、变化方向(是进一步偏离设定值还是向设定值靠近)以及变化的快慢程度进行计算,然后给执行机构发出信号,调整执行机构的状态,实现控制变量的自动调节。其实质就是改变执行机构的状态以抵消前后流程对控制变量的干扰。与之相对应的另一中操作状态即手动控制状态(简称手动状态)。手动状态就是由操作人员在计算机上直接给执行机构一个信号确定其状态,如需执行机构改变状态,则需操作人员在计算机上重新输入信号。

计算机操作中经常碰到手动状态切换成自动状态的操作(简称投自动),以减小操作人员的工作强度,由计算机完成控制变量的自动调节,实现系统的稳定运行。切换前应先在手动状态下逐步调节控制变量,等控制变量接近于设定值时再投自动,切忌在控制变量与自动状态中设定值相差太大的时候向自动状态切换,否则在进入自动状态后会因为控制变量与设定值相差太大,计算机会使执行机构进行幅度较大的调整。这时控制变量以阻尼振荡的方式逼近设定值,在这过程中控制变量大幅度变化将严重影响系统运行的安全稳定,或造成系统的联锁停车。另外,在自动状态下操作需要较大幅度调整负荷时,一般可以通过改变设定值来完成。但设定值的调整必须逐步进行,速度不能太快,幅度不能太大,否则也会引起系统的大幅波动。

3. 离心泵检修后的试车验收

(1)操作程序的规定及说明。

① 准备工作。

② 操作程序：

a. 准备工作(包括联系电气设备维修工送电)；

b. 检查地角螺栓、冷却水管线、接地、排水管等；

c. 轴承箱加入合格润滑油；

d. 灌泵(热油泵需预热)；

e. 开泵出口的压力表；

f. 有小流量线应根据要求投用或预热；

g. 盘车；

h. 启动；

i. 启动后检查；

j. 停泵(热油泵应处于预热状态)；

k. 安全文明生产及其他；

l. 按要求填写验收记录。

(2)考核时限。

① 准备工作5min。

② 正式操作30min。

③ 超时1min从总分中扣5分，总超时5min停止操作。

(3)考核评分。

① 考核事务由考评员统一负责。

② 考核采用百分制，100分满分，60分为合格。

③ 考评员应对本工种具有熟练的检测经验，质检公正，评分准确。

④ 各项配分依精度高低和难易程度制定。

⑤ 评分方法：按单项扣分，每项检测点不少于两点。

评分记录表

试题名称		离心泵检修后的试车验收						
序号	考核项目	评分要素	配分	评分标准	检测结果	扣分	得分	备注
1	准备工作	联系电气设备维修工送电	2	未联系不得分				
		穿戴好劳保用品	2	劳保用品未穿戴整齐不得分				
		正确选用工具	2	选错不得分				

续表

试题名称		离心泵检修后的试车验收						
序号	考核项目	评分要素	配分	评分标准	检测结果	扣分	得分	备注
2	检查地角螺栓、冷却水管线、接地、排水管等	检查泵、电机地脚螺栓是否齐全紧固	2	未检查不得分				
		检查冷却水管线是否泄漏，并通水	2	未检查泄漏不得分				
			5	未通水不得分				
		检查接地是否完好	5	未检查不得分				
		检查底部排水管、挡水板是否畅通、完好	4	未检查不得分				
3	轴承箱加入合格润滑油	加入合格润滑油	5	加错油不得分				
			5	未加油不得分				
		大修后轴承箱应冲洗一次	2	未冲洗不得分				
		检查油位是否在1/2～2/3处	2	未查油位不得分				
			2	油位不合适未处理不得分				
4	灌泵（热油泵需预热）	缓慢打开泵入口阀至开度3/4	2	开阀速度过快不得分				
			2	阀全开不得分				
		打开放空阀脱水排气	5	水、气未脱净不得分				
			3	油未贯通不得分				
5	开泵出口的压力表	打开泵出口的压力表阀	2	未开阀不得分				
		稍开压力表阀	2	开度过大不得分				
		检查压力表是否回零	2	未检查不得分				
6	有小流量线应根据要求投用或预热	稍开小流量线	2	未开小流量线不得分				
		冬季应稍开小流量线预热泵体	2	未开预热不得分				
7	盘车	检查联轴器螺栓是否齐全	2	未检查处理不得分				
		盘车2～3圈，检查有无异常响声、卡磨	4	未检查不得分				
		检查护罩是否完好紧固	2	未检查处理不得分				
8	启动	与操作室联系，启动机泵	2	未联系操作室不得分				

续表

<table>
<tr><td colspan="2">试题名称</td><td colspan="8">离心泵检修后的试车验收</td></tr>
<tr><td>序号</td><td>考核项目</td><td>评分要素</td><td>配分</td><td>评分标准</td><td>检测结果</td><td>扣分</td><td>得分</td><td>备注</td></tr>
<tr><td rowspan="6">9</td><td rowspan="6">启动后检查</td><td>检查泵体、电机有无异常响声</td><td>2</td><td>未及时检查排除不得分</td><td></td><td></td><td></td><td></td></tr>
<tr><td>联系操作室检查流量是否正常</td><td>2</td><td>未及时联系检查不得分</td><td></td><td></td><td></td><td></td></tr>
<tr><td>检查出口压力、电机电流是否正常</td><td>2</td><td>未及时检查排除不得分</td><td></td><td></td><td></td><td></td></tr>
<tr><td>检查轴承温度、润滑油、冷却水是否正常</td><td>2</td><td>未及时检查排除不得分</td><td></td><td></td><td></td><td></td></tr>
<tr><td>检查轴承振动是否合格</td><td>2</td><td>未及时检查排除不得分</td><td></td><td></td><td></td><td></td></tr>
<tr><td>检查维修部位是否修复</td><td>2</td><td>未检查反馈不得分</td><td></td><td></td><td></td><td></td></tr>
<tr><td rowspan="3">10</td><td rowspan="3">停泵（热油泵应处于预热状态）</td><td>联系操作室停泵，关出口阀</td><td>2</td><td>未按要求操作不得分</td><td></td><td></td><td></td><td></td></tr>
<tr><td>热油泵应稍开出口预热</td><td>2</td><td>未按要求操作不得分</td><td></td><td></td><td></td><td></td></tr>
<tr><td>冷却水应关闭（热油泵待泵体冷却后关闭）</td><td>2</td><td>未关闭不得分</td><td></td><td></td><td></td><td></td></tr>
<tr><td>11</td><td>按要求填写验收记录</td><td>按要求填写验收记录，并督促维修人员认真填写</td><td>3</td><td>未及时填写记录不得分</td><td></td><td></td><td></td><td></td></tr>
<tr><td rowspan="2">12</td><td rowspan="2">安全文明生产及其他</td><td>检修卫生打扫干净</td><td>5</td><td>未打扫干净不得分</td><td></td><td></td><td></td><td></td></tr>
<tr><td>工具全部收回</td><td>2</td><td>工具未收回不得分</td><td></td><td></td><td></td><td></td></tr>
<tr><td colspan="3">合　　计</td><td>100</td><td></td><td></td><td></td><td></td><td></td></tr>
</table>

考评员：　　　　　　　　　　记分员：　　　　　　　　　　年　　月　　日

4. 注水泵入口不上量的判断处理

(1)操作程序的规定及说明。

① 准备工作。

② 操作程序：

a. 检查水罐液面；

b. 检查入口管线；

c. 检查水罐压力；

d. 开泵。

(2)考核时限。

① 准备工作 5min。

② 正式操作 20min。

③ 超时 1min 从总分中扣 5 分,总超时 5min 停止操作。

(3)考核评分。

① 考核事务由考评员统一负责。

② 考核采用百分制,100 分满分,60 分为合格。

③ 考评员应对本工种具有熟练的检测经验,质检公正,评分准确。

④ 各项配分依精度高低和难易程度制定。

⑤ 评分方法:按单项扣分,每项检测点不少于两点。

评分记录表

试题名称		注水泵入口不上量的判断处理						
序号	考核项目	评分要素	配分	评分标准	检测结果	扣分	得分	备注
1	准备工作	穿戴好劳保用品	3	劳保用品未穿戴整齐不得分				
		正确选用工具、器具	2	选错不得分				
2	检查水罐液面	现场检查水罐液面计是否正常	5	未检查不得分				
			5	未开上下放空检查不得分				
			5	伴热未检查处理不得分				
3	检查入口管线	检查入口流程是否正确	5	未检查不得分				
			5	流程不对不处理不得分				
		流程正确,开罐出口放空检查是否有水	5	未检查处理不得分				
		检查入口管线是否冻凝	5	未检查处理不得分				
4	检查水罐压力	检查溢流管、顶部放空是否畅通,判断是否抽空后引起负压	5	未检查不得分				
			5	未处理不得分				
5	开泵	正常后引液灌泵,排净存气	8	未灌泵不得分				
			8	未排净存气不得分				

续表

试题名称		注水泵入口不上量的判断处理						
序号	考核项目	评分要素	配分	评分标准	检测结果	扣分	得分	备注
5	开泵	盘车	6	未盘车不得分				
		执行正常开泵前检查	10	未检查不得分				
		按启动按钮启动机泵，执行开泵后各项检查，确认正常后3min方可离开	5	未检查不得分				
			5	确认正常后稳定时间不够不得分				
		开泵后10min应检查一次机泵运行状况	8	未检查不得分				
6	安全文明生产及其他	在规定时间完成操作		每超时1min从总分中扣除5分，超时5min停止操作				
合计			100					

考评员：　　　　　　　　记分员：　　　　　　　　年　　月　　日

五、学习情境考核评价

(一)学习情境考核评价标准

学习情境三		离心泵的故障分析及处理		
序号	考核项目	考核要点	考核方式	分值
1	专业知识	教师通过现场抽查、答辩、布置临时作业等多种方式评估，教师根据考核情况确定等级	笔试与口试	20
2	技能考核	考核操作规范程度、熟练程度和按要求执行实习操作的程度	仿真操作	40
3	方法、能力	获取信息和语言表达、自学，提出问题、分析问题、解决问题的能力。按完成任务的质量标准对每次任务质量进行评分，质量标准根据不同任务而定	制定计划或完成报告的情况	15
4	职业素质	遵纪守时(上课每旷1学时扣5分，迟到一次扣2分)、认真负责、积极主动、踏实肯干、团结协作、爱护公物等方面	教师评价	15

续表

学习情境三		离心泵的故障分析及处理		
序号	考核项目	考　核　要　点	考核方式	分值
5	团队精神	服从组长的安排，积极主动，认真完成本项目；按照“5S”要求，实训场地打扫干净，工具摆放整齐，地板无污水及其他垃圾	小组间互评	10

(二)学生自评和组内互评表

学习情境:__________　　第______学习小组　　评分人:__________

评价指标 组员	专业知识的理解和掌握(20分)	技能考核(技能水平、操作规范)(40分)	方法能力考核(制定计划或报告能力)(15分)	职业素质考核(“5S”与出勤执行情况)(15分)	团队精神考核(10分)	合计
组员1						
组员2						
组员3						
组员4						
组员5						
组员6						
组员7						
组员8						
自评						

(三)组间互评和教师评价表

学习情境:__________第______子任务　　评分组:第____小组

评价指标 小组	专业知识的理解和掌握(20分)	技能考核(技能水平、操作规范)(40分)	方法能力考核(制定计划或报告能力)(15分)	职业素质考核(“5S”与出勤执行情况)(15分)	团队精神考核(10分)	合计
第1组						
第2组						
第3组						

续表

评价指标 小组	专业知识的理解和掌握(20分)	技能考核(技能水平、操作规范)(40分)	方法能力考核(制定计划或报告能力)(15分)	职业素质考核(“5S”与出勤执行情况)(15分)	团队精神考核(10分)	合计
第4组						
第5组						
第6组						
第7组						

学习情境四　其他流体输送机械的操作及维护

能力目标：

- 能进行往复泵、齿轮泵、旋涡泵、螺杆泵、真空泵、压缩机、鼓风机的开、停车操作；
- 能进行往复泵、齿轮泵、旋涡泵、螺杆泵、真空泵、压缩机、鼓风机的流量调节操作；
- 会维护保养往复泵、齿轮泵、旋涡泵、螺杆泵、真空泵、压缩机、鼓风机；
- 能够进行简单的故障分析及处理；
- 能进行操作评价，并书写报告。

知识目标：

- 了解往复泵、齿轮泵、旋涡泵、螺杆泵、真空泵、压缩机、鼓风机的结构及工作原理；
- 熟悉其操作要领及简单故障处理的相关理论知识。

素质目标：

- 具有吃苦耐劳、爱岗敬业的职业意识；
- 树立踏实工作、安全第一的职业意识；
- 培养发现问题、解决问题的能力；
- 培养自我评价和评价他人的能力；
- 具有环境意识、社会责任感、参与意识。

一、学习工作任务单

<table>
<tr><td colspan="4">学习情境四:其他流体输送机械的操作及维护</td></tr>
<tr><td>学习小组</td><td></td><td>指导教师</td><td></td></tr>
<tr><td colspan="4">工作任务描述:
通过教师提供的参考书、教学课件、音像资料、自己查阅的参考资料,在教师的指导下能完成流体输送基础知识的学习,通过在流体输送单元操作实训室完成对往复泵、齿轮泵、旋涡泵、螺杆泵、真空泵、压缩机、鼓风机进行安装、启用、停用操作,日常维护,发现问题并能及时解决问题的操作训练,使学生掌握相应的操作技能,提高学生自身职业能力</td></tr>
<tr><td colspan="4">具体工作任务:
(1)获得相关资料与信息:
① 流体输送基础知识;② 往复泵、齿轮泵、旋涡泵、螺杆泵、真空泵、压缩机、鼓风机的结构、工作原理、主要性能参数及特性曲线;③ 往复泵、齿轮泵、旋涡泵、螺杆泵、真空泵、压缩机、鼓风机操作规程;④ 劳动工具的确定及使用;⑤ 消防安全器具的使用方法。
(2)根据相关信息制定、修改和确定工作实施方案。
(3)按照工作计划完成专业知识学习:学会往复泵、齿轮泵、旋涡泵、螺杆泵、真空泵、压缩机、鼓风机的开、停操作及切换操作,简单运行故障的处理及日常维护。
(4)对每一个已完成工作步骤进行记录和归档,并完成工作报告。
(5)讨论、总结、反思学习过程,撰写技术报告,各小组汇报学习体会,实现学习迁移。
(6)提交工作报告、工作记录、小组评分单、个人考核单、小组工作总结,材料归档、整理</td></tr>
<tr><td colspan="4">学习条件:
(1)多媒体教室;
(2)化工流体输送单元操作实训室;
(3)校外实训基地;
(4)图片、课件、音像资料、教学录像、网站资源等;
(5)学习情境、任务单、实施方案、工作记录表、考核单</td></tr>
</table>

二、学习情境实施计划

<table>
<tr><td colspan="2">学习情境四:其他流体输送机械的操作及维护</td><td>课时:28 学时</td></tr>
<tr><td>授课班级:</td><td>教学学期:</td><td>授课教师:</td></tr>
<tr><td>授课地点:校内实训基地</td><td>授课时间:</td><td>制定者:</td></tr>
</table>

<table>
<tr><td rowspan="3">学习过程设计</td><td>学习情境描述:
根据本项目工作任务单要求详细计划每一个工作过程和步骤,以小组为单位制定一份完成工作任务的实施方案,任务完成后撰写一份工作报告。
本项目所针对的工作内容主要是对往复泵、齿轮泵、旋涡泵、螺杆泵、真空泵、压缩机、鼓风机进行安装、启用、停用操作,日常维护,发现问题并能及时解决问题的操作训练,具体包括:往复泵、齿轮泵、旋涡泵、螺杆泵、真空泵、压缩机、鼓风机的开车、停车操作;往复泵、齿轮泵、旋涡泵、螺杆泵、真空泵、压缩机、鼓风机的流量调节操作;往复泵、齿轮泵、旋涡泵、螺杆泵、真空泵、压缩机、鼓风机的日常维护;往复泵、齿轮泵、旋涡泵、螺杆泵、真空泵、压缩机、鼓风机运行常见问题的分析及处理;熟练使用劳动工具和穿戴劳保用品;正确书写报告</td></tr>
<tr><td>项目目标
(1)能力目标:
① 能进行往复泵、齿轮泵、旋涡泵、螺杆泵、真空泵、压缩机、鼓风机的开车、停车操作;
② 能进行往复泵、齿轮泵、旋涡泵、螺杆泵、真空泵、压缩机、鼓风机的流量调节操作;
③ 会维护保养往复泵、齿轮泵、旋涡泵、螺杆泵、真空泵、压缩机、鼓风机;
④ 能够进行简单的故障分析及处理;
⑤ 能熟练使用劳动工具和穿戴劳保用品;
⑥ 能进行操作评价,并书写报告。
(2)知识目标:
了解往复泵、齿轮泵、旋涡泵、螺杆泵、真空泵、压缩机、鼓风机的应用,熟悉其结构、原理及使用维护。
(3)素质目标:
① 具有吃苦耐劳、爱岗敬业的职业意识;
② 树立踏实工作、安全第一的职业意识;
③ 培养发现问题、解决问题的能力;
④ 培养自我评价和评价他人的能力;
⑤ 具有环境意识、社会责任感、参与意识</td></tr>
<tr><td>具体工作任务的设置:
(1)知道往复泵、齿轮泵、旋涡泵、螺杆泵、真空泵、压缩机、鼓风机的结构及运行特点;
(2)根据工况能选用合适的泵;
(3)能正确开、停往复泵、齿轮泵、旋涡泵、螺杆泵、真空泵、压缩机、鼓风机;
(4)能熟练进行流量的调节;
(5)对简单的故障能及时排除;
(6)对每一个已完成工作步骤进行记录和归档,并提交工作报告</td></tr>
</table>

续表

<table>
<tr><td rowspan="5">学习过程设计</td><td colspan="2">专业技术内容：
(1)往复泵、齿轮泵、旋涡泵、螺杆泵、真空泵、压缩机、鼓风机的结构、工作原理和运行特点；
(2)往复泵、齿轮泵、旋涡泵、螺杆泵、真空泵、压缩机、鼓风机的开、停操作；
(3)往复泵、齿轮泵、旋涡泵、螺杆泵、真空泵、压缩机、鼓风机操作的常见故障分析及处理方法</td><td colspan="3">教学论与方法论建议：
项目教学法、四阶段教学法、“教学做”一体法</td></tr>
<tr><td colspan="5">教学条件与资源：
(1)多媒体教室(有可上网查阅资料的计算机工作台)；
(2)校内流体输送操作实训室(配置多种种类、型号的往复泵、齿轮泵、旋涡泵、螺杆泵、真空泵、压缩机、鼓风机；劳动必需的工具和材料；劳保用品)；
(3)校外实训基地；
(4)实施计划、工作任务单、工作记录表、考核单、图片、课件、音像资料、网络资源、教材与其他参考资料</td></tr>
<tr><td colspan="5">学习小组的行动阶段：</td></tr>
<tr><td>步骤</td><td>内容</td><td>教学进程</td><td>方法、媒介与环境</td><td>教学地点</td></tr>
<tr><td>资讯</td><td>(1)老师根据课程标准，下达其他流体输送机械的操作及维护工作任务；
(2)学生从工作任务中分析完成工作的必要信息；
(3)熟悉流体输送基础知识；往复泵、齿轮泵、旋涡泵、螺杆泵、真空泵、压缩机、鼓风机的结构、工作原理、主要性能参数及特性曲线；往复泵、齿轮泵、旋涡泵、螺杆泵、真空泵、压缩机、鼓风机的常见故障及处理办法；劳动工具的使用方法；消防安全器具的使用方法</td><td>2学时</td><td>(1)查阅文献资料；
(2)课堂对话；
(3)教师指导</td><td>校内流体输送操作实训室、图书馆、多媒体教室(有可上网查阅资料的计算机工作台)</td></tr>
</table>

续表

<table>
<tr><td rowspan="5">学习过程设计</td><td colspan="5">学习小组的行动阶段：</td></tr>
<tr><td>步骤</td><td>内容</td><td>教学进程</td><td>方法、媒介与环境</td><td>教学地点</td></tr>
<tr><td>计划</td><td>(1)学生6人一组，讨论并制定完成工作任务的实施方案；
(2)教师考查学生制做的方案，学生听取教师的建议，对方案做出修改，此阶段由教师和学生共同完成</td><td>2学时</td><td>(1)以小组为单位，制定完成工作任务的实施方案；
(2)课堂分组；
(3)教师指导</td><td>(1)多媒体教室（有可上网查阅资料的计算机工作台）；
(2)校内流体输送操作实训室（配置多种种类、型号的往复泵、齿轮泵、旋涡泵、螺杆泵、真空泵、压缩机、鼓风机实物；劳动必需的工具和材料；劳保用品）；
(3)校外实训基地</td></tr>
<tr><td>决策</td><td>每组汇报各自的实施方案，教师组织大家听取各组的实施方案，分析实施方案的可行性，对于存在的问题提出意见或建议，确定成果提交方式</td><td>4学时</td><td>(1)讨论方案，对每组方案进行答辩；
(2)教师指导</td><td>(1)多媒体教室；
(2)校内流体输送操作实训室（配置多种种类、型号的往复泵、齿轮泵、旋涡泵、螺杆泵、真空泵、压缩机、鼓风机实物；劳动必需的工具和材料；劳保用品）</td></tr>
<tr><td>实施</td><td>学生以小组的形式在学习工作任务单的引导下，完成专业知识学习，学会往复泵、齿轮泵、旋涡泵、螺杆泵、真空泵、压缩机、鼓风机的开、停及常见故障的处理</td><td>16学时</td><td>(1)在教师指导下合理运用获取的信息资料；
(2)咨询老师和工人师傅；
(3)在教师指导下完成基本技能训练</td><td>(1)多媒体教室；
(2)校内流体输送操作实训室（配置多种种类、型号的泵实物；劳动必需的工具和材料；劳保用品）；
(3)校外实训基地</td></tr>
</table>

续表

<table>
<tr><td rowspan="4">学习过程设计</td><td colspan="5">学习小组的行动阶段：</td></tr>
<tr><td>步骤</td><td>内容</td><td>教学进程</td><td>方法、媒介与环境</td><td>教学地点</td></tr>
<tr><td>评估</td><td>(1)学生的工作状态；
(2)工作任务完成情况；
(3)新技术、新知识掌握情况</td><td>2学时</td><td>(1)讨论；
(2)教师监督；
(3)教师对操作过程评分；
(4)学生反思工作过程并在小组中交流</td><td>校内流体输送操作实训室</td></tr>
<tr><td>检查</td><td>(1)是否完成学习任务；
(2)能否对往复泵、齿轮泵、旋涡泵、螺杆泵、真空泵、压缩机、鼓风机正常开、停及切换，能否发现及排除故障；
(3)工作过程中是否受到阻碍；
(4)团队合作是否协调；
(5)学习迁移是否实现；
(6)工作报告是否完整</td><td>2学时</td><td>(1)课堂讨论；
(2)学生评价；
(3)小组评价；
(4)教师评价</td><td>校内流体输送操作实训室</td></tr>
<tr><td colspan="6">课后分析：</td></tr>
</table>

三、学习情境引导文

<table>
<tr><td>工　作　单</td><td colspan="3">其他流体输送机械的操作及维护</td></tr>
<tr><td>任　　务</td><td colspan="3">其他流体输送机械的操作及维护</td></tr>
<tr><td>学习情境四</td><td>其他流体输送机械的操作及维护</td><td>学习领域二</td><td>石油化工流体输送单元操作</td></tr>
<tr><td>班　　级</td><td></td><td>姓　　名</td><td></td></tr>
<tr><td>学习小组</td><td></td><td>工作时间</td><td>28 学时</td></tr>
<tr><td colspan="4">任务描述</td></tr>
<tr><td colspan="4">通过本情境的学习，要求学员应做到：
(1)能说出往复泵、齿轮泵、旋涡泵、螺杆泵、真空泵、压缩机、鼓风机的结构、工作原理及运行参数；
(2)会往复泵、齿轮泵、旋涡泵、螺杆泵、真空泵、压缩机、鼓风机的开车、停车操作；
(3)会往复泵、齿轮泵、旋涡泵、螺杆泵、真空泵、压缩机、鼓风机的流量调节操作；
(4)会往复泵、齿轮泵、旋涡泵、螺杆泵、真空泵、压缩机、鼓风机运行常见问题的分析与处理</td></tr>
<tr><td colspan="4">引导文</td></tr>
<tr><td colspan="4">【基础知识的认知】</td></tr>
<tr><td colspan="4">(1)简答往复泵、齿轮泵、旋涡泵、螺杆泵、真空泵、压缩机、鼓风机的结构、工作原理及运行参数。</td></tr>
<tr><td colspan="4">(2)简答往复泵、齿轮泵、旋涡泵、螺杆泵、真空泵、压缩机、鼓风机的适用条件和选用依据。</td></tr>
<tr><td colspan="4">(3)什么是离心式压缩机的喘振？如何防止喘振？</td></tr>
</table>

续表

(4)离心式压缩机的优点是什么?
【拓展能力训练】
(1)结合伯努利方程,说明压缩机如何作功,并进行动能、压力、温度之间的转换?
(2)根据本单元,理解盘车、手动升速、自动升速的概念。
(3)列表说明流体输送机械的优缺点。
(4)对比说明流体输送机械开、停操作的差异。
(5)结合自己的学习认识过程,对学习情境给予其他说明,列写出你们小组可提出的其他问题:

续表

(6)小组讨论并设计本小组的学习评价表,相互评价,给出小组成员的得分:
(7)对任务、学习的其他说明或建议:
指导教师评语:
任务完成人签字: 年　　月　　日 指导教师签字: 年　　月　　日

四、学材

(一)支撑知识

1. 往复泵

往复泵是利用活塞的往复运动将能量传递给液体,以完成液体输送任务的机械。往复泵输送流体的流量只与活塞的位移有关,而与管路情况无关;但往复泵的压头只与管路情况有关,这种特性称为正位移特性,具有这种特性的泵称为正位移泵。

1)往复泵的结构与工作原理

往复泵的主要结构部件有泵缸、活塞(或活柱)、活塞杆、吸入阀和排出阀。吸入阀和排出阀均为单向阀,如图4-1所示。活塞由曲柄连杆机构带动而作往复运动。当活塞在外力作用下向一侧移动时,泵体内形成低压,排出阀受压而关闭,吸入阀则被泵外液体的压力推开,将液体吸入泵内;当活塞向另一侧移动时,由于活塞的挤压使泵内液体压力增大,吸入阀受压而关闭,而排出阀受压则开启,将液体排出泵外。因此活塞作往复运动,液体就被吸入或排出。

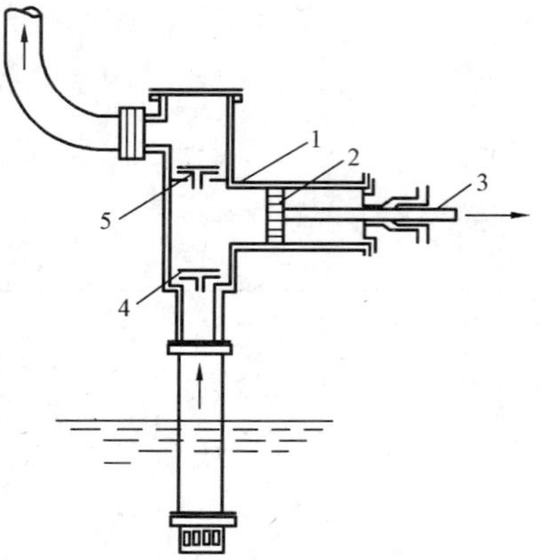

图4-1 往复泵结构图

1—泵缸;2—活塞;3—活塞杆;

4—吸入阀;5—排出阀

2)往复泵的类型

按照动力来源可做如下分类。

(1)电动往复泵。

电动往复泵由电动机驱动,是往复泵中最常见的一种。电动机通过减速箱和曲柄连杆机构与泵相连,把旋转运动变为往复运动。

(2)气动往复泵。

气动往复泵直接由蒸汽机驱动,泵的活塞和蒸汽机的活塞共同连在一根活塞杆上,构成一个总的机组。

按照作用方式可做如下分类。

① 单动往复泵。

活塞往复一次只吸液一次和排液一次。

② 双动往复泵。

活塞两边都在工作,每个行程均在吸液和排液。

3)往复泵的输液量及其调节

单缸单动往复泵的理论平均流量为:

$$Q_T = ASn \tag{4-1}$$

单缸双动往复泵的理论平均流量为:

$$Q_T = (2A - a)Sn \tag{4-2}$$

式中　Q_T——往复泵的理论流量，m^3/min；

A——活塞截面积，m^2；

S——活塞的冲程，m；

n——活塞每分钟的往复次数；

a——活塞杆的截面积，m^2。

实际中，由于活门启闭滞后，活门、活塞、填料函等存在泄漏，实际平均输液量为：

$$Q = \eta Q_T \tag{4-3}$$

式中　η——往复泵的容积效率，一般为70%以上，大泵的效率高于小泵的效率。

往复泵的扬程与泵的几何尺寸无关，理论上与流量也无关，只是在扬程较高时，容积效率降低，流量稍有减少。往复泵主要用于小流量、高扬程的场合，尤其适合输送高粘度液体。

往复泵的工作点仍为管路特性曲线与泵特性曲线的交点。

4）往复泵的流量调节

（1）旁路调节。泵的送液量不变，只是让部分被压出的液体返回贮池，使主管中的流量发生变化。显然这种调节方法很不经济，只适用于流量变化幅度较小的经常性调节。

（2）改变原动机转速，从而改变活塞的往复次数。因电动机是通过减速装置与往复泵相连的，所以改变减速装置的传动比可以很方便地改变曲柄转速，从而改变活塞往复运动的频率，达到调节流量的目的。

（3）改变活塞的冲程。

2. 齿轮泵

齿轮泵也属正位移泵，如图4-2所示。齿轮泵主要是由椭圆形泵壳和两个齿轮组成，其中一个齿轮为主动齿轮，由传动机构带动，另一个为从动齿轮，与主动齿轮相啮合而随之作反方向旋转。当齿轮转动时，因两齿轮的齿相互分开而形成低压，吸入液体，并沿壳壁把液体推送到排出腔。在排出腔内，两齿轮相互合拢使液体受挤形成高压而排出，如此靠齿轮的旋转位移吸入和排出液体。齿轮泵能产生较高扬程，流量较均匀。它适用于流量小、无固体颗粒的各种油类等粘性液体的输送，具有构造简单、维修方便、价格低廉、运转可靠等优点。

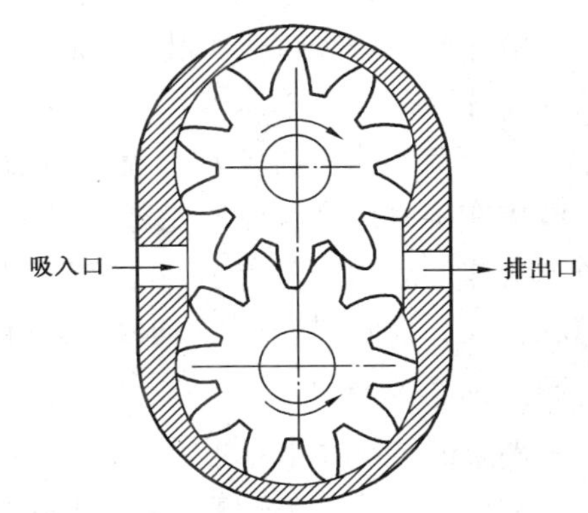

图4-2　齿轮泵的工作原理

3. 旋涡泵

1）旋涡泵的工作原理

旋涡泵（也称涡流泵）是一种叶片泵，主要由叶轮、泵体和泵盖组成。叶轮是一个圆盘，圆周上的叶片呈放射状均匀排列。泵体和叶轮间形成环形流道，吸入口和排出口均在叶轮的外圆周处。吸入口与排出口之间有隔板，由此将吸入口和排出口隔离开。

将泵内的液体分为两部分:叶片间的液体和流道内的液体。当叶轮旋转时,在离心力的作用下,叶轮内液体的圆周速度大于流道内液体的圆周速度,故形成如图 4－3 所示的“环形流动”。又由于自吸入口至排出口液体跟着叶轮前进,这两种运动的合成结果,就使液体产生与叶轮转向相同的如图 4－3 所示的“纵向旋涡”,因而得到旋涡泵之名。需要特别指出的是,液体质点在泵体流道内的圆周速度小于叶轮的圆周速度。

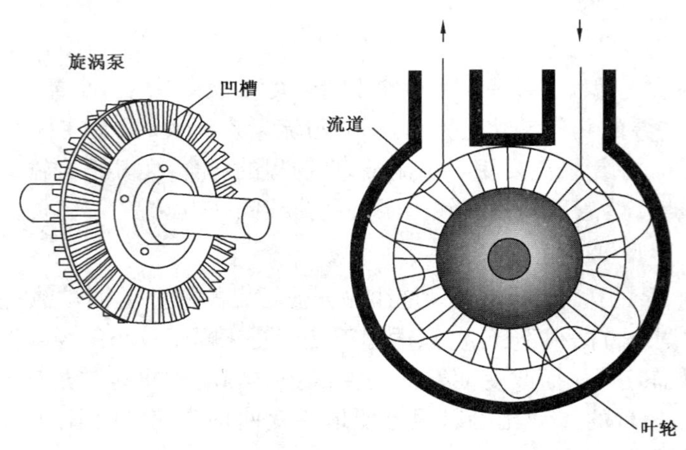

图 4－3　旋涡泵的工作原理

在纵向旋涡流动过程中,液体质点多次通过叶轮叶片的作用,把能量传递给流道内的液体质点。液体质点每经过一次叶片,就获得一次能量。这也是具有相同叶轮外径情况下,旋涡泵比其他叶片泵扬程高的原因。但并不是所有液体质点都通过叶轮,随着流量的增加,“环形流动”减弱;当流量为零时,“环形流动”最强,扬程最高。

液体在旋涡泵中获得的能量与液体在流动过程中进入叶轮的次数有关。当流量减小时,流道内液体的运动速度减小,液体流入叶轮的平均次数增多,泵的压头必然增大;流量增大时,则情况相反。因此,其 $H-Q$ 曲线呈陡降形。

2)旋涡泵的特点

旋涡泵的特点如下:

(1)压头和功率随流量增大而下降较快,因此,启动时应打开出口阀。改变流量时,旁路调节比安装调节阀经济。

(2)在叶轮直径和转速相同的条件下,旋涡泵的压头比离心泵高出 2 ~ 4 倍,适用于高压头、小流量的场合。

(3)结构简单、加工容易,且可采用各种耐腐蚀的材料制造。

(4)输送液体的粘度不宜过大,否则泵的压头和效率都将大幅度下降。

(5)输送液体不能含有固体颗粒。

4. 螺杆泵

1)螺杆泵的工作原理

螺杆泵是利用一根或数根螺杆的相互啮合形成的空间容积不断变化来输送液体的机械，是一种容积式泵。当螺杆转动时吸入腔一端的密封线连续地向排出腔一端做轴向移动，使吸入腔容积增大，压力降低，液体在压差作用下沿吸入管进入吸入腔。随着螺杆的转动，密封腔内的液体连续而均匀地沿轴向移动到排出腔，由于排出腔一端的容积逐渐缩小，即把液体排出。

2)螺杆泵的特点及应用

螺杆泵分为单螺杆泵、双螺杆泵、三螺杆泵等。图 4－4(a)所示为单螺杆泵，图 4－4(b)所示为双螺杆泵。螺杆泵损失小，经济性能好。压力高而均匀，流量均匀，转速高，能与原动机直联。螺杆泵适于在高压下输送高粘度液体。

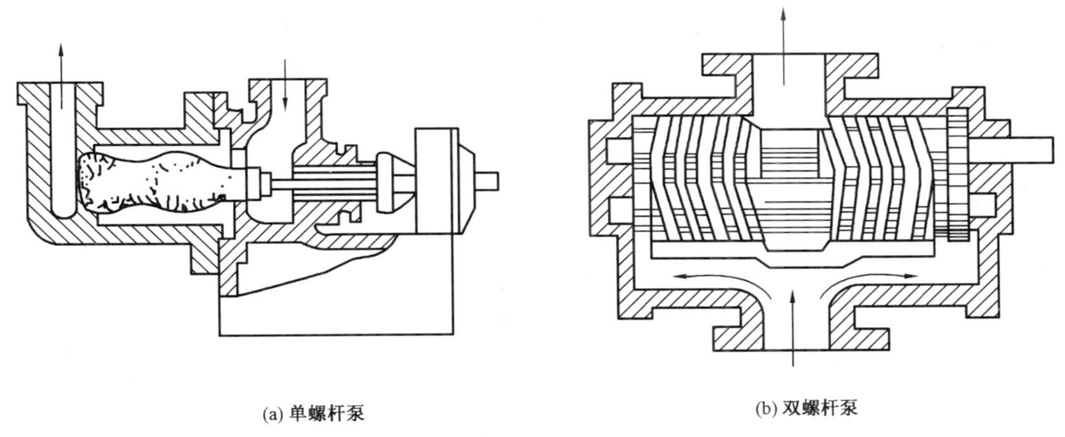

(a) 单螺杆泵　　(b) 双螺杆泵

图 4－4　螺杆泵

5. 真空泵

1)真空泵的工作原理

如图 4－5 所示，真空泵其外壳呈圆形，壳内有一偏心安装的叶轮，上有辐射状叶片，并可以在其中转动，叶轮的转动使工作液在泵内形成转动的液环，液环在叶轮的两个叶片之间脉动。在吸气侧液环逐渐远离叶轮的轮毂，气体通过圆盘上的吸气口轴向进入泵内；在排气侧，液环又逐渐靠近叶轮的轮毂，气体被压缩并通过圆盘上的排气口被轴向排出。

2)真空泵的一般特点

真空泵就是从真空容器中抽气、一般在大气压下排气的输送机械。若将前述任何一种气体输送机械的进口与设备接通，即成为从设备抽气的真空泵。

(1)由于吸入气体的密度很低，要求真空泵的体积必须足够大；

(2)压缩比很高，所以余隙对压缩比的影响很大。

真空泵的主要性能参数有：

(1)极限剩余压力(或真空度)：这是真空泵所能达到的最低压力；

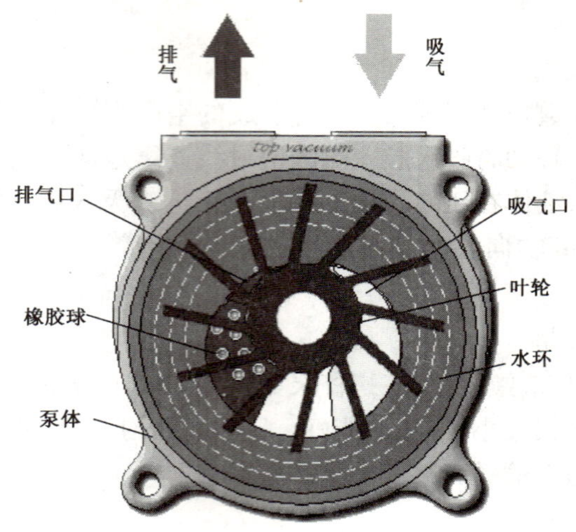

图4－5 真空泵的工作原理图

(2)抽气速率：单位时间内真空泵在极限剩余压力下所吸入的气体体积，亦即真空泵的生产能力。

3)真空泵的分类

(1)往复式真空泵。

往复式真空泵与往复式压缩机的构造有显著区别，但也有其自身的特点：

① 在低压下操作，气缸内、外压差很小，所用的活门必须更加轻巧；

② 当要求达到较高的真空度时，压缩比会很大，余隙容积必须很小，否则就不能保证较大的吸气量。

③ 为减少余隙的影响，设有连通活塞左右两侧的平衡气道。

干式往复式真空泵可造成高达96% ~99.9%的真空度，湿式往复式真空泵则只能达到80% ~85%。

(2)水环真空泵。

水环真空泵的外壳呈圆形，其中的叶轮偏心安装。启动前，泵内注入一定量的水，当叶轮旋转时，由于离心力的作用，水被甩至壳壁形成水环。此水环具有密封作用，使叶片间的空隙形成许多大小不同的密封室。由于叶轮的旋转运动，密封室外由小变大形成真空，将气体从吸入口吸入；继而密封室由大变小，气体由压出口排出。

水环真空泵结构简单、紧凑，最高真空度可达85%。

(3)液环真空泵。

液环真空泵外壳呈椭圆形。当叶轮旋转时，液体被抛向四周形成一个椭圆形液环，在其轴方向上形成两个月牙形的工作腔。由于叶轮的旋转运动，每个工作腔内密封室逐渐由小变大而从吸入口吸入气体，然后密封腔又由大变小，将气体强行排出。

(4)旋片真空泵。

旋片真空泵是旋转式真空泵的一种，其工作原理是：当带有两个旋片的偏心转子按一定方向旋转时，旋片在弹簧的压力及自身离心力的作用下，紧贴泵体内壁滑动，吸气工作室不断扩大，被抽气体通过吸气口经吸气管进入吸气工作室，当旋片转至垂直位置时，吸气完毕，此时吸入的气体被隔离。转子继续旋转，被隔离的气体逐渐被压缩，压力升高。当压力超过排气阀片上的压力时，则气体经排气管顶开阀片，通过油液从泵排气口排出。泵在工作过程中，旋片始终将泵腔分成吸气、排气两个工作室，转子每旋转一周，有两次吸气、排气过程。

旋片真空泵的主要部分浸没于真空油中，为的是密封部件间隙，充填有害的余隙并得到润滑。此泵属于干式真空泵。如需抽吸含有少量可凝性气体的组合气时，泵上设有专门设计的镇气阀（能在一定的压力下打开的单向阀），把经控制的气流（通常是湿度不大的空气）引到泵的压缩腔内，以提高混合气的压力，使其中的可凝性气体在分压尚未达到泵腔温度下的饱和压力值时即被排出泵外。

旋片真空泵可达到较高的真空度（绝对压力约为 0.67Pa），抽气速率比较小，适用于抽除干燥或含有少量可凝性蒸气的气体，不适宜用于抽除含尘和对润滑油起化学作用的气体。

（5）喷射真空泵。

喷射真空泵是利用工作流体（水蒸气）以高速射流从喷嘴流出时，使压力能转换为动能而造成真空，将气体吸入泵内，并在混合室通过碰撞、混合以提高吸入气体的机械能，气体和工作流体一并被排出泵外。喷射真空泵的流体可以是水，也可以是水蒸气，这样的喷射真空泵分别称为水喷射真空泵和蒸汽喷射真空泵。

单级蒸汽喷射真空泵仅能达到 90% 的真空度，为获得更高的真空度，可采用多级蒸汽喷射真空泵。

喷射真空泵的优点是工作压力范围大，抽气量大，结构简单，适应性强。其缺点是效率低。

6. 压缩机

1）压缩机的工作原理

压缩机的工作原理：气体沿轴向进入各级叶轮中心处，被旋转的叶轮做功，受离心力的作用，以很高的速度离开叶轮，进入扩压器。气体在扩压器内降速、增压。经扩压器降速、增压后气体进入弯道，使流向反转 180°后进入回流器，经过回流器后又进入下一级叶轮。显然，弯道和回流器是沟通前一级叶轮和后一级叶轮的通道。如此，气体在多个叶轮中被增压数次，能以很高的压力能离开。化工厂所用的压缩机主要有往复式和离心式两大类。

2）压缩机的特点

压缩机的体积和重量都很小而且流量很大；供气均匀；运转平稳；易损部件少，维护方便。

3）压缩机的分类

（1）往复式压缩机。

① 操作原理与理想压缩循环。

往复式压缩机的基本构造和工作原理与往复泵类似。由于气缸内活塞的往复运动，使气体完成吸入、压缩和排出工作循环，其过程分析如图4－6所示。

a. 开始时刻：当活塞位于最右端时，缸内气体体积为 V_1，压力为 p_1，用图中 1 点表示；

b. 压缩阶段：当活塞由右向左运动时，由于 D 活门所在管线有一定压力，所以 D 活门是关

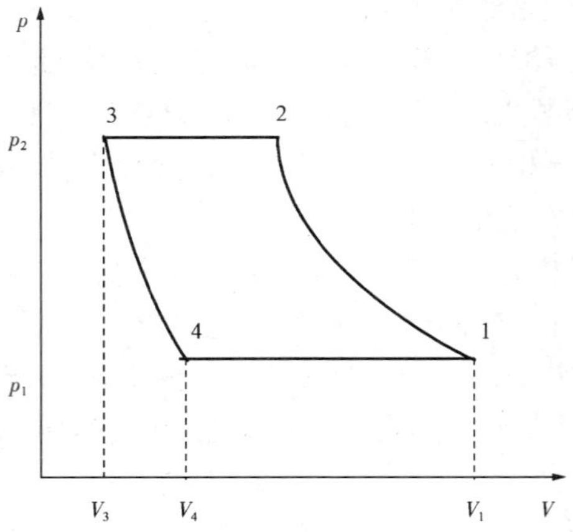

闭的，活门 S 受压也关闭。因此，在这段时间里气缸内气体体积下降而压力上升，所以是压缩阶段，直到压力上升到 p_2，活门 D 被顶开为止。此时的缸内气体状态用图中 2 点表示。

c. 排气阶段：活门 D 被顶开后，活塞继续向左运动，缸内气体被排出。这一阶段缸内气体压力不变，体积不断减小，直到气体完全排出，体积减至零。这一阶段属恒压排气阶段。此时的状态用图中 3 点表示。

d. 吸气阶段：活塞从最左端退回，缸内压力立刻由 p_2 降到 p_1，状况达到图中 4 点。此时 D 活门受压关闭，S 活门受压打开，气缸又开始吸入气体，体积增大，压力不变，因此为恒压吸气阶段，直到 1 点为止。

图 4－6　往复式压缩机工作过程分析图

② 压缩类型。

压缩类型主要有等温压缩、绝热压缩、多变压缩。

等温压缩是指压缩阶段产生的热量随时从气体中完全取出，气体的温度保持不变。绝热压缩是另一种极端情况，即压缩产生的热量完全不取出。实际是压缩过程既不是等温的，也不是绝热的，而是介于两者之间，称为多变压缩。

③ 压缩功。

实际压缩过程为多变过程，每一循环多变压缩功为(J)：

$$W = \frac{m}{m-1}p_1V_1\left[\left(\frac{p_2}{p_1}\right)^{\frac{m-1}{m}} - 1\right]$$

其中 m 称为多变指数，对于等温压缩，$m=1$，但压缩功另有算法；对于绝热压缩，m 等于比定压热容与比定容热容之比。

压缩功的大小可以用图 4－6 中 1—2—3—4 所围成的面积来表示。等温压缩功最小，绝热压缩功最大，多变压缩功介于二者之间。

④ 有余隙的压缩循环。

上述压缩循环之所以称为理想的，除了假定过程皆属可逆之外，还假定了压缩阶段终了缸内气体一点不剩地排尽。实际上此时活塞与气缸盖之间必须留有一定的空隙，以免活塞杆受热膨胀后使活塞与气缸相撞。这个空隙就称为余隙。

余隙系数 ε = 余隙体积/活塞推进一次扫过的体积

容积系数 λ_0 = 实际吸气体积/活塞推进一次扫过的体积

根据上述定义，有：

$$\varepsilon = \frac{V_3}{V_1 - V_3} \qquad \lambda_0 = \frac{V_1 - V_4}{V_1 - V_3}$$

余隙的存在使一个工作循环的吸气量、排气量减小，这不仅是因为活塞推进一次扫过的体积减小了，还因为活塞开始由左向右运动时不是马上有气体吸入，而是缸内剩余气体的膨胀减压，即从 3 至 4，待压力减至 p_4，容积增至 V_4 时，才开始吸气。即在有余隙的工作循环中，在气体排出阶段和吸入阶段之间又多了一个余隙气体膨胀阶段，使得每一循环中吸入的气体量比理想循环量少。

余隙系数与容积系数的关系为：

$$\lambda_0 = 1 - \varepsilon\left[\left(\frac{p_2}{p_1}\right)^{1/m} - 1\right]$$

由该式可以看出，余隙系数和压缩比越大，容积系数越小，实际吸气量越小，以至于会出现一种极限情况：容积系数为零，$V_1 = V_4$，此时余隙气体膨胀将充满整个气缸，实际吸气量为零。

⑤ 多级压缩。

多级压缩是指在一个气缸里压缩了一次的气体进入中间冷却器冷却之后再一次送入气缸进行压缩，经几次压缩后才达到所需要的终压。

讨论采用多级压缩的原因：

① 若所需要的压缩比很大，容积系数就很小，实际送气量就会很小；② 压缩终了气体温度过高，会引起气缸内润滑油炭化或油雾爆炸等问题；③ 机械结构亦不合理：为了承受很高的终压，气缸要做得很厚，为了吸入初压很低的气体，气缸体积又必须很大。

级数越多，总压缩功越接近于等温压缩功，即最小值。然而，级数越多，整体构造越复杂。因此，常用的级数为 2 ~6，每级压缩比为 3 ~5。理论上可以证明，在级数相同时，各级压缩比相等，则总压缩功最小。

⑥ 往复式压缩机的流量调节。

a. 调节转速。

b. 旁路调节。

c. 改变气缸余隙体积：显然，余隙体积增大，余隙内残存气体膨胀后所占容积将增大，吸入气体量必然减少，供气量随之下降。反之，供气量上升。这种调节方法在大型压缩机中采用较多。

(2)离心式压缩机。

① 结构——定子与转子。

转子：主轴、多级叶轮、轴套及平衡元件。

定子：气缸和隔板。

② 工作原理。

气体沿轴向进入各级叶轮中心处，被旋转的叶轮做功，受离心力的作用以很高的速度离开叶轮进入扩压器。气体在扩压器内降速、增压。经扩压器降速、增压后气体进入弯道，使流向反转 180°后进入回流器，经过回流器后又进入下一级叶轮。显然，弯道和回流器是沟通前一级叶轮和后一级叶轮的通道。如此，气体在多个叶轮中被增压数次，能以很高的压力能离开。

③ 特性曲线。

离心式压缩机的 $H - Q$ 曲线与离心式通风机在形状上相似，在小流量时都呈现出压力随流量的增加而上升的情况。

④ 特点。

与往复式压缩机相比，离心式压缩机有如下优点：体积和重量都很小或流量很大；供气均匀；运转平稳；易损部件少、维护方便。因此，除非压力要求非常高，离心式压缩机已有取代往复式压缩机的趋势，而且离心式压缩机已经发展成为非常大型的设备，流量达几十万立方米每小时，出口压力达几十兆帕。

7. 鼓风机

在工厂中常用的鼓风机有旋转式和离心式两种类型。

1）罗茨鼓风机

罗茨鼓风机的工作原理与齿轮泵类似，如图4－7所示，机壳内有两个渐开摆线形的转子，两个转子的旋转方向相反，可使气体从机壳一侧吸入，从另一侧排出。转子与转子、转子与机壳之间的缝隙很小，使转子能自由运动而无过多泄漏。

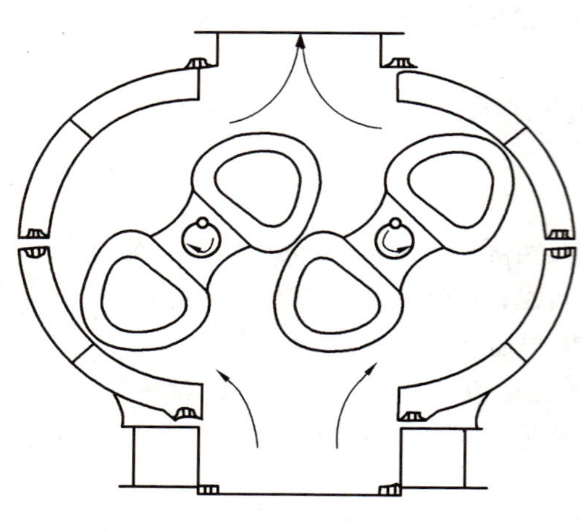

图4－7 罗茨鼓风机

属于正位移型的罗茨鼓风机风量与转速成正比，与出口压力无关。该风机的风量范围为 2 ~ 500m^3/min，出口表压可达80kPa，在40kPa左右效率最高。

该鼓风机出口应装稳压罐，并设安全阀。流量调节采用旁路，出口阀不可完全关闭。操作时，气体温度不能超过85℃，否则转子会因受热膨胀而卡住。

2）离心式鼓风机

离心式鼓风机的结构特点：离心式鼓风机的外形与离心泵相似，内部结构也有许多相同之处。例如，离心式鼓风机的蜗壳形通道也为圆形，叶轮外周都装有导轮，但外壳直径与厚度之比较大，叶轮上叶片数目较多，转速较高。

单级出口表压多在30kPa以内，多级出口表压可达0.3MPa。

（二）技能训练与测试

1. 真空泵的操作与维护

1）训练目的

（1）会真空泵的开、停操作及切换操作。

（2）能及时发现故障并能正确及时地采取必要的处理解决实际问题。

2）训练准备

（1）了解真空泵的结构及工作原理。

（2）学习真空泵常见故障、产生原因及处理办法。

3)训练步骤(要领)

[ ]:操作　( ):确定　完成后在[ ] 或( ) 中划√

(1)开泵操作。

① 真空泵前的准备、检查。

( ) 外观检查正常:地脚螺栓紧固,紧固件无松动;

( ) 联系电工送电;

( ) 对轮护罩完好、牢固;

[ ] 打开液面计进出口阀;

[ ] 打开进水阀;

( ) 现场工艺流程倒通;

[ ] 人工盘车5~10圈,检查确认无松动、摩擦、卡阻等现象。

② 启动泵。

( ) 玻璃板液位计液位显示高度在最高、最低液位开关之间;

[ ] 按下启动按钮;

( ) 现场泵入口压力 -0.08~0.02MPa;

( ) 缓慢打开泵入口阀至全开;

[ ] 如果出现下列情况,立即停止启动泵:

- 异常泄漏;
- 振动异常。

③ 真空泵启动后确认和调整。

a. 确认:

( ) 泵体无异常响声;

( ) 现场压力表确认泵入口压力 -0.08~0.02MPa;

( ) 密封泄漏正常,≤10滴/min。

b. 动力设备(略)。

c. 工艺系统:

( ) 玻璃板液位计液位显示高度在最高、最低液位开关之间;

( ) 泵入口压力满足工艺要求:-0.08~0.02MPa。

(2)停泵操作。

初始状态 S_0 水环式真空泵运行状态

① 停泵。

[ ] 关泵入口阀;

[ ] 按下停止按钮;

[ ] 关闭进水液面控制阀前、后阀;

[ ] 打开泵底放空阀;

[ ] 打开分离罐最低点放空阀。

② 泵交付检修。

[ ] 真空泵已停;

( ) 确认泵吹扫至无水;

[ ] 联系电工断电;

[ ] 联系技术人员按有关规定办理检修手续。

(3)真空泵的日常检查与维护。

① 检查泵有无异常振动(正常指标见前述开泵操作);

② 检查轴承温度是否正常(正常指标见前述开泵操作);

③ 检查泄漏是否符合要求(正常指标见前述开泵操作);

④ 冬季注意伴热系统正常投用,保温良好;

⑤ 动力设备:检查电动机的运行是否正常(正常指标见前述开泵操作);

⑥ 工艺系统:检查泵入口压力是否正常稳定(正常指标见前述开泵操作);检查泵出口压力是否正常稳定(正常指标见前述开泵操作)。

2. 空冷风机启动前的准备工作及开机

(1)操作程序的规定及说明。

① 准备工作。

② 操作程序:

a. 联系电修检查;

b. 检查机组安装;

c. 检查风机皮带;

d. 检查防护罩;

e. 检查风机叶片;

f. 风机加脂;

g. 盘车;

h. 启动风机检查。

(2)考核时限。

① 准备工作 5min。

② 正式操作 30min。

③ 超时 1min 从总分中扣 5 分,总超时 5min 停止操作。

(3)考核评分。

① 考核事务由考评员统一负责。

② 考核采用百分制,100 分满分,60 分为合格。

③ 考评员应对本工种具有熟练的检测经验,质检公正,评分准确。

④ 各项配分依精度高低和难易程度制定。

⑤ 评分方法:按单项扣分,每项检测点不少于两点。

评分记录表

试题名称		空冷风机启动前的准备工作及开机						
序号	考核项目	评分要素	配分	评分标准	检测结果	扣分	得分	备注
1	准备工作	穿戴好劳保用品	3	劳保用品未穿戴整齐不得分				
		正确选用工具、器具	2	选错不得分				
2	联系电修检查	电修检查电机转向正确，空运合格，静电接地良好	5	未联系不得分				
			5	未确认不得分				
		风机送电、变频投用	5	未送电、未投用变频不得分				
3	检查机组安装	机组安装好，机座及各部连接螺栓齐全，紧固无松动	5	未检查不得分				
			5	有问题未联系处理不得分				
4	检查风机皮带	检查皮带是否安装，松紧是否合适，皮带是否完好	5	未检查不得分				
			5	有问题未处理不得分				
5	检查防护罩	检查防护罩、安全网是否安装、完好	5	未检查不得分				
			5	有问题未联系处理不得分				
6	检查风机叶片	检查风机叶片是否安装完好，叶片是否紧固，角度是否合适，叶片与安全网之间有足够间隙，叶片与风筒之间的间隙符合规定（20～25mm）	5	未检查不得分				
			5	有问题未联系处理不得分				
7	风机加脂	对风机轴承加入合格润滑脂	5	未加润滑脂不得分				
			5	加入不合格润滑脂不得分				
8	盘车	手动盘车2～3圈，检查有无卡涩、偏重和异常响声	5	未检查不得分				
			5	有问题未联系处理不得分				

续表

试题名称	空冷风机启动前的准备工作及开机							
序号	考核项目	评分要素	配分	评分标准	检测结果	扣分	得分	备注
9	启动风机检查	先点动风机检查，然后启动风机检查叶片是否平稳，有无与风筒、安全网等部件摩擦，风机运转无杂音，振动不大于0.15mm，电机温升<70℃，轴承温度<65℃，各部分螺栓无松动现象	5	未检查不得分				
			5	有问题未停机处理不得分				
			5	未点动检查不得分				
		启动后检查确认正常5min后方可离开	5	提前离开不得分				
10	安全文明生产及其他	在规定时间完成操作		每超时1min从总分中扣除5分，超时5min停止操作				
合计			100					

考评员：　　　　　　　　记分员：　　　　　　　　年　　月　　日

3. 压缩机的维护和使用(模拟)

(1)操作程序的规定及说明。

① 准备工作；

② 操作程序：

a. 记录数据；

b. 排油水；

c. 用油；

d. 冬季停车；

e. 盘车；

f. 加热循环油；

g. 处理事故；

h. 控制指标。

(2)考核时限。

① 准备工作10min。

② 正式操作35min。

③ 超时1min从总分中扣5分，总超时5min停止操作。

(3)考核评分。

① 考核事务由考评人员统一负责。
② 考核采用百分制,100 分满分,60 分为合格。
③ 考评人员应对本工种具有熟练的检测经验,质检公证,评分准确。
④ 各项配分依精度高低和难易程度制定。
⑤ 评分方法:按单项扣分,每项检测点不少于两点。

评分记录表

试题名称		压缩机的维护和使用(模拟)						
序号	考核项目	评分要素	配分	评分标准	检测结果	扣分	得分	备注
1	准备工作	穿戴好劳保用品	5	未穿戴好劳保用品扣5分				
		正确选择工具、器具	5	选错不得分				
2	记录数据	记录机组运行情况及全部数据	10	未记录扣10分				
3	排油	定期排油	10	未排油扣10分				
4	用油	保证油压、油量	10	不清楚油位、油压扣10分				
5	冬季停车	冬季停车要放净水	10	未放净水扣10分				
6	盘车	认真盘车	10	不会盘车扣10分				
7	加热循环油	气温低于5℃时,应将循环油加热到30℃	10	不加热或加热不到30℃扣10分				
8	处理事故	机组有异常声响应立即联系处理	10	未联系处理扣10分				
9	控制指标	机组系数如超指标,应立即联系处理	8	不控制指标扣5分;超标不联系处理扣5分				
10	安全文明生产及其他	严格执行操作规程	5	违反一条扣1分				
		严格遵守管理制度	5	违反一条扣1分				
		在规定时间内完成操作		超时1min从总分中扣5分,超时5min则停止操作				
合　计			100					

考评员:　　　　　　　　　　评分员:　　　　　　　　　　年　　月　　日

五、学习情境考核评价

(一)学习情境考核评价标准

学习情境名称				
序号	考核项目	考 核 要 点	考核方式	分值
1	专业知识	教师通过现场抽查、答辩、布置临时作业等多种方式评估,教师根据考核情况确定等级	笔试与口试	20
2	技能考核	考核操作规范程度、熟练程度和按要求执行实习操作的程度	仿真操作	40
3	方法能力	获取信息和语言表达、自学,提出问题、分析问题、解决问题的能力。按完成任务的质量标准对每次任务质量进行评分,质量标准根据不同任务而定	制定计划或完成报告的情况	15
4	职业素质	遵纪守时(上课每旷1学时扣5分,迟到一次扣2分)、认真负责、积极主动、踏实肯干、团结协作、爱护公物等方面	教师评价	15
5	团队精神	服从组长的安排,积极主动,认真完成本项目;按照“5S”要求,实训场地打扫干净,工具摆放整齐,地板无污水及其他垃圾	小组间互评	10

(二)学生自评和组内互评表

学习情境:__________ 第______学习小组 评分人:__________

评价指标 / 组员	专业知识的理解和掌握(20分)	技能考核(技能水平、操作规范)(40分)	方法、能力考核(制定计划或报告能力)(15分)	职业素质考核(“5S”与出勤执行情况)(15分)	团队精神考核(10分)	合计
组员1						
组员2						
组员3						
组员4						
组员5						
组员6						
组员7						
组员8						
自评						

(三)组间互评和教师评价表

学习情境:__________第________子任务　　　评分组:第____小组

评价指标 / 小组	专业知识的理解和掌握(20分)	技能考核(技能水平、操作规范)(40分)	方法、能力考核(制定计划或报告能力)(15分)	职业素质考核("5S"与出勤执行情况)(15分)	团队精神考核(10分)	合计
第1组						
第2组						
第3组						
第4组						
第5组						
第6组						
第7组						

附录一　职业技能鉴定试题库

第一部分　理 论 部 分

一、填空题

1. 阀门的作用是：接通或__________管道各段的介质，调节管道的__________和压力，改变介质流动方向，调节__________。
2. 叶轮和泵体之间的密封环一般称为__________，泵体与泵轴之间的密封一般称为__________。
3. 司泵工的三件宝是__________、__________、__________。
4. 我国消防工作的方针是__________。
5. 中国石油天然气股份有限公司颁发的三个十大禁令是________、________、________。
6. 火警电话号码是__________。
7. 国家规定安全色有__________四种。
8. 离心泵的基本性能参数包括__________、__________、__________、__________等。
9. 离心泵铭牌上的性能参数一般是用__________作介质试验得到的。
10. 阀门的主要作用是__________和__________。
11. 管道的主要作用是__________。
12. 离心泵出口压力与其扬程成__________，与流量成__________。
13. 一般在工业企业中，通常把向__________提供能量的机械设备称为泵，而把向气体提供能量的设备称为__________。
14. 按照设计压力高低，管线可分为__________、__________、__________和__________四种。
15. 往复泵的出口压力大小取决于泵本身的__________、__________及__________，与泵的__________无关。
16. 从理论上讲，往复泵的流量和压力__________，实际上随泵压提高，泵密封处的__________增加，故泵流量随泵压升高而略有__________。
17. 闸板阀根据其结构可分为__________和__________两种。
18. 运动流体所具有的能量形成__________、__________、__________。
19. 离心泵的出口压力只能表示泵出口位置流体所具有的__________，而不能代表提供给流体的__________。
20. 往复泵是依靠__________往复运动实现能量转化的。
21. 对于管道的连接方法，目前广泛使用的有__________、承插连接、__________、法兰连接、__________、胀接和__________七种。
22. 流体在直管中流动时，由于管壁对流体的摩擦作用而导致机械能损失变为热能，此项能量的损失称为__________。

23. 多级离心泵轴向推力的平衡措施有：采用__________对称布置法；采用__________；采用__________等。
24. 机泵润滑油加得过量时不但会造成__________，而且会引起额外的__________，使轴承发热。
25. 当泵输送介质温度大于100℃时，轴承需要冷却；介质温度大于__________时，密封腔也需冷却。
26. 往复泵是一种以__________为动力的__________输液设备，是依靠往复运动的__________将能量直接以静压能形式传递给液体的机械。
27. 往复泵的扬程高低只取决于泵的__________和__________。
28. 安全阀按阀芯开启高度与阀座通径之比划分为__________、__________两种。
29. 调节阀所以制造成风开阀和风关阀，主要是从__________方面来考虑的。
30. 压力表型号"Y-100"中，Y的意思是__________，100的意思是__________。
31. 用于国际贸易结算计量时，应使用__________；用于国内贸易结算计量时，应使用__________或__________。
32. 真空泵轴功率过大时，应及时予以排除，方法有两种：__________、__________。
33. 设备"三给"保养是指__________。
34. 管线水压试验的目的是检查__________强度，早期__________。
35. 管线上压力表的安装必须保证压力表与管线__________。
36. 启用压力表时，应__________打开接至压力表的阀门，并检查表内__________。运行中如发现指针有超程现象，应__________。
37. 压力表校验完毕，应封好__________，并标记__________，填好__________。
38. 离心泵关闭运转时间一般不超过__________。
39. 齿轮泵是一种__________泵，主要由两个互相啮合的__________、__________和__________组成。
40. 齿轮运转时，其齿轮啮合间隙大时为__________，而齿轮啮合间隙小时为__________。
41. 往复泵活塞运动的终点位置称为__________；左右两个"死点"之间的距离称为__________；而__________从某一死点开始往复一次称为__________。
42. 压力表在使用过程中，有时发现指针突然偏高、突然偏低，一般估计是因为__________，泵抽空情况例外。
43. 为保证压力表的寿命，压力表的使用范围应选用在全量程的__________之间。

二、选择题

1. 在阀体不加工表面涂上黑色，表明阀体制造材质是__________。

   (A) 钢　　(B) 铸铁　　(C) 铸铁或可锻铸铁

2. 离心泵效率达不到百分之百的原因是因为流体在泵内运动时存在__________。

   (A) 水力损失　　(B) 水力损失、容积损失、机械损失

   (C) 机械损失、容积损失

3. 离心泵平衡装置主要作用是__________轴向推力。
(A) 克服和减弱　(B) 产生和增强　(C) 固定和抑制
4. 用以控制液流压力的元件是__________。
(A) 节流阀　(B) 溢流阀　(C) 截止阀
5. 停运机泵盘车要求将对轮按机泵运转方向转动__________。
(A) 90°　(B) 180°　(C) 360°
6. 离心泵型号"65YD－8X5"中的8代表__________。
(A) 叶轮级数　(B) 单级扬程　(C) 进口直径
7. 离心泵的扬程与__________有关。
(A) 流量　(B) 压力　(C) 温度
8. 调节阀所以制造成风开阀和风关阀,主要是从__________方面来考虑的。
(A) 控制流量　(B) 安全　(C) 截流方式不同
9. 管道的主要连接方式有螺纹连接、焊接、__________三种。
(A) 法兰连接　(B) 松套法兰连接　(C) 螺丝连接
10. 按照规范要求,架空管线铺设时,低点一般距地面不小于__________。
A. 0.8m　(B) 1.2m　(C) 1.6m
11. 泵的排出口堵塞,压力表读数比正常__________。
(A) 大　(B) 小　(C) 一样
12. 离心泵在转速一定时,随着泵的流量加大,其扬程随之降低,轴功率随之__________。
(A) 升高　(B) 降低　(C) 变化,但不大
13. 往复泵的出口压力取决于泵本身的__________。
(A) 压力　(B) 扬程　(C) 强度
14. 离心泵是依靠__________高速旋转进行能量转化的。
(A) 叶轮　(B) 活塞　(C) 离心力
15. 往复泵的缸体和活塞间的密封是用__________来实现的。
(A) 胀圈　(B) 开口的金属环　(C) 活塞环
16. 往复泵活塞运动的终点位置称为__________。
(A) 死点　(B) 极点　(C) 终点
17. 当阀门全开后,应稍稍返回一点,以防下次关闭时__________。
(A) 阀芯脱落　(B) 卡住阀芯　(C) 疏忽
18. 将灭火剂直接喷到燃烧物上,使燃烧物的温度降至__________以下时,燃烧即可终止。
(A) 自燃点　(B) 燃点　(C) 0℃
19. 粘度、__________是决定轴承中能否形成液体动力润滑的三个要素。
(A) 酸值、倾点　(B) 转速、负荷　(C) 压力、扬程
20. 离心泵按工作原理可分三类,其一是__________。
(A) 离心式　(B) 容积式　(C) 旋转活塞式
21. 低压阀的公称压力是 pN __________。
(A) $\leqslant 10\text{kgf/cm}^2$　(B) $\geqslant 10\text{kgf/cm}^2$　(C) $\leqslant 20\text{kgf/cm}^2$

22. 往复泵的流量是__________。

(A) 均匀的 (B) 不均匀的 (C) 难测的

23. 离心泵启动前要灌泵,是为了防止__________。

(A) 气蚀现象 (B) 爆炸事故 (C) 倒流现象

24. 离心泵的基本特性参数有__________。

(A) 温度 (B) 压力 (C) 效率

25. __________的特点是流量小,压头高,体积小,结构简单。

(A) 离心泵 (B) 齿轮泵 (C) 旋涡泵

26. 设备的磨损包括有形磨损和__________。

(A) 边界磨损 (B) 无形磨损 (C) 腐蚀磨损

27. 截止阀的优点是便于调节__________。

(A) 压力 (B) 温度 (C) 流量

28. 泵的扬程单位是__________单位。

(A) 压力 (B) 体积 (C) 能量

29. 泵的设计扬程和实际扬程的使用条件__________,所以数值也相同。

(A) 相同 (B) 不相同 (C) 差不多

30. 生产上管线必须采用埋地铺设时,其埋深应在冻土层以下一般为__________,距最高地下水位线以上__________位置,而且应做好管线防腐工作。

(A) 0.5 ~0.8m;0.5m (B) 0.8 ~1.2m;0.5m (C)0.5 ~0.8m;1m

31. __________不是一种离心泵。

(A) 螺杆泵 (B) 多级泵 (C) 单吸泵

32. 两台性能相同的离心泵并联工作,总流量__________单级泵工作时流量的2倍。

(A) 大于 (B) 等于 (C) 小于

33. 两台性能相同的离心泵串联工作,总流量大于单泵工作量,扬程__________。

(A) 升高 (B) 不变 (C) 降低

34. 泵的噪声大,其原因可能是__________。

(A) 空气进入管线 (B) 电机转速过大 (C) 电压高

35. 动力粘度单位是__________。

(A) Pa·s (B) cm^2/s (C) Pa/s

36. 蒸汽往复泵停泵时,首先应__________。

(A) 关闭进气阀门 (B) 关掉电源开关 (C) 关放空阀

37. 旋转活塞泵主要用于输送__________原油。

(A) 粘度很小的 (B) 粘度较大的 (C) 粘度适中的

38. 一般阀门使用温度__________100℃的清水试压。

(A) 高于 (B) 低于 (C) 等于

39. 扬程是指离心泵对于单位重量流体可提供的能量,它和升扬高度__________。

（A）不是一个概念　　（B）是同一个概念　　（C）相等

40. 不属于管道连接方式的是__________。

（A）螺纹连接　　（B）法兰连接　　（C）机械连接

三、判断题

（ ）1. 止回阀也称为单向阀、逆止阀。

（ ）2. 机泵润滑油加得越多越好。

（ ）3. 安全阀按阀芯开启高度与阀座通径之比，分为微启式和全启式两种。

（ ）4. 调节离心泵的流量，主要是靠开大或关小泵进口阀门来实现的。

（ ）5. 离心泵在使用时，泵振动并有噪声，其原因之一是泵和电动机轴心线不正。

（ ）6. 机泵运行正常时，要求滑动轴承温度低于65℃。

（ ）7. 截止阀、闸阀、止回阀都属于切断阀。

（ ）8. 泵效率的大小由水力损失、机械损失、容积损失的大小来决定。

（ ）9. 多级离心泵轴向推力的平衡措施之一是采用平衡盘。

（ ）10. 在压力表使用过程中，常发生压力表不能回零的现象，估计可能是由于取压管路堵塞或冻住。

（ ）11. 压力表启用时，应缓慢打开接至压力表的阀门，并检查表内有无泄漏，运行中如发现指针有超程现象，应立即停止使用。

（ ）12. 离心泵铭牌上标明的流量是泵效率最高时的流量。

（ ）13. 往复泵的流量与排出压力有关。

（ ）14. 齿轮泵是用进口阀、出口阀门调节流量的。

（ ）15. 离心泵长期小流量运行，会造成径向推力增大。

（ ）16. 泵的实际流量大于理论流量。

（ ）17. 机械呼吸阀可以在一定程度上减少油品的蒸发损耗，同时对油罐起安全保护作用。

（ ）18. 截止阀的优点是便于调节流量，体积小，密封面接触严密，便于制造维修。

（ ）19. 往复泵若不考虑泄漏损失，则总的理论流量不随排出压力的增大或减小而变化。

（ ）20. 离心泵的效率随着流量的增大而升高。

（ ）21. 阀门型号“Z41H－16Q”中“Q”表示该阀为碳钢阀。

（ ）22. 阀门型号中“Z41H－16Q”中“H”表示该阀为不锈钢材料密封。

（ ）23. 阀门不能速开速关。

（ ）24. 阀门填料内作用是密封阀杆和阀盖的间隙。

（ ）25. 在安全阀使用管理中，应定期作手动或自动的放气或放水试验，以防阀芯和阀座粘连。

（ ）26. 机泵润滑油加得越多越好。

（ ）27. 在单位时间内液体经过泵所得到的能量，称为轴功率。

（ ）28. 截止阀的优点是体积小，密封面接触比较严密，便于调节流量，便于制造和维修。

（ ）29. 对工业管道一般根据最高工作压力、最高工作温度、介质和材质等来分类。

（ ）30. 液体的密度是温度和压力的函数，实质上是因为体积随温度和压力的改变而改变。

(　) 31. 从动力消耗来看，通过改善泵的转速来调节流量要比改变阀门的开度来调节流量更为合理。

(　) 32. 管道设计的管径计算公式是 $D=18.8Q/V$，它是根据重量流量等于体积乘以管道截面积这一原理推导出来的。

(　) 33. 启动离心泵时，必须先打开出口阀，是为了防止离心泵产生强大压力将阀门垫子打坏。

(　) 34. 离心泵在第一次启动前必须灌泵，是为了防止离心泵产生气缚现象。

(　) 35. 流量计的精度和测量范围与被测介质的粘度无关。

(　) 36. 管道内液体的动力压力，是液体在运动的情况下，由于重力位能及速度作用而对管道所产生的压力的平均值。

四、问答题

1. 泵的定义是什么？
2. 泵排量的定义是什么？
3. 泵效率的定义是什么？
4. 安全生产主要包括哪几个方面内容？
5. 安全阀的定义是什么？
6. 扬程的定义是什么？
7. 设备运行遵守哪四项制度？
8. 机械损失功率的定义是什么？
9. 流量计有哪几种类型？
10. 安全生产“五查”的内容是什么？
11. 大气压的定义是什么？
12. 流体的定义是什么？
13. 流量的定义是什么？
14. 临界转速的定义是什么？
15. 运动粘度的定义是什么？
16. 恩氏粘度的定义是什么？
17. 动力粘度的定义是什么？
18. 离心泵是由哪些主要部件组成？
19. 泵的密封形式有几种？
20. 为什么离心泵启动时出口阀一定是关闭的？
21. 影响安全生产的两大因素是什么？
22. 安全施工“四件宝”指什么？
23. 在泵出口管线上装单向阀的目的是什么？
24. 离心泵密封装置的主要作用是什么？
25. 为什么离心泵开泵前泵内必须装满液体？
26. 什么是安全生产的“三同时”原则？

27. 现场质量管理的任务有哪些?
28. 制定防火措施时必须以什么目标为依据?
29. 离心泵小修的内容有什么?
30. 安全阀有何作用?
31. 呼吸阀挡板有哪些构件?
32. 如何切换离心泵?
33. 什么称为泵的有效功率?其计算公式是什么?
34. 质量管理中的三分析是什么?
35. 当液体的粘度、密度改变时,对泵的性能有何影响?
36. 备用泵盘不动车为什么不能启动?
37. 离心泵填料箱严重泄漏的原因与处理方法有什么?
38. 管路的摩擦阻力损失包括哪几个方面?
39. 管道敷设时哪些地段需要加设套管?
40. 如何选用合适的泵?
41. 选用阀门以什么为原则?
42. 备用泵为什么要定期盘车?盘多少度?
43. 机泵润滑部位的油槽中润滑油加多少为宜?加的过多、过少有何危害?

五、计算题

1. 某蒸汽往复泵流量为 $20m^3/h$,问多长时间可将 $50m^3$ 的罐装满?
2. 某泵排水量为 $56m^3/h$,油品密度为 $892kg/m^3$,该泵 8h 转油大约多少?
3. 某一容器的压力表指示为 1.75MPa,若气压计上的读数为 757mmHg,求罐内绝对压力。
4. 已知某离心泵排量为 $54m^3/h$,被输送介质的密度为 $780kg/m^3$,泵的扬程为 70m 液柱,求该泵的轴功率是多少千瓦?
5. 已知压力等于 $5kgf/cm^2$,求它等于多少帕?
6. 某泵 30min 内输送原油 $13m^3$,求体积流量和质量流量(输送温度 20℃,ρ_{20} 为 $900kg/m^3$)。
7. 某泵流量为 30.5t/h,油品实际相对密度为 0.8623,出口管线 ϕ89mm×4.5mm,计算出口管线的平均流速。
8. 某油泵出口流速为 1.45m/s,出口管线为 ϕ114mm×4mm,求该泵体积流量为多少?
9. 已知有一条轻质油的输油管道,内径为 92mm,若整个截面上的各点油品的流速相同,其流速为 2.5m/s。求这条输油管道内油品的体积流量。
10. 已知有一条汽油输油管道,如果汽油的体积流量为 $0.02m^3/s$,汽油的密度为 $710kg/m^3$。
    求:(1)如果此时流体流动为稳流,求在 10s 内通过的汽油体积。
    (2)这条汽油输油管道的质量流量是多少?
11. 已知某离心泵效率为 60%,扬程为 367.8m,被输送介质密度为 $780kg/m^3$,泵的排量为 $57.6m^3/h$。求泵的轴功率 $N_{轴}$。

12. 某单缸单动往复泵,活塞直径 D 为 160mm,冲程 s 为 200mm,若要求流量 Q 为 $6m^3/h$。求该泵的转速为多少转每分(已知容积效率为 0.9)?

13. 某离心泵已知输送介质密度为 $750kg/m^3$,轴功率为 49kW,效率为 65%,测得泵扬程为 80m,估算该泵的实际排量是多少?

14. 某电动往复泵,选配电机功率为 30kW,采用减速箱传动,效率为 97%,试求该泵轴功率(已知安全系数为 0.15)。

15. 已知某离心泵输送密度为 $800kg/m^3$ 的油品时,泵出口、进口压力差为 1.5MPa,泵进口介质流速近似相等,试计算该泵的扬程。

职业技能鉴定试题答案

一、填空题

1. 切断;流量;液面　2. 口环;轴封　3. 扳手;抹布;听诊器　4. 预防为主,防消结合　5. 人身安全十大禁令;防火防爆十大禁令;车辆安全十大禁令　6. 119　7. 红、绿、蓝、黄　8. 流量;扬程;功率;效率　9. 20℃的水　10. 截流;降压　11. 输送流体　12. 正比;反比　13. 液体;压缩机　14. 真空管线;低压管线;中压管线;高压管线　15. 强度;额定功率;密封条件;流量　16. 无关;漏失量;减少　17. 明杆闸阀;暗杆闸阀　18. 比位能;比动能;比静压能　19. 静压能;总能量　20. 活塞　21. 螺纹连接;焊接;锁母连接;粘接　22. 直管摩擦阻力损失　23. 叶轮;平衡鼓;平衡盘　24. 润滑油的浪费;摩擦阻力　25. 150℃　26. 电力或蒸汽;容积式;活塞　27. 强度;动力大小　28. 微启式;全启式　29. 安全　30. 压力表;该表盘面直径是 100mm　31. 流量计系数方法;流量计系数方法;流量计基本误差方法　32. 调整水位;调整间隙　33. 日常维护保养;一级保养;二级保养　34. 受压元器件;发现潜在的局部缺陷　35. 垂直　36. 缓慢;有无泄漏;立即停止使用　37. 铅封;校验日期;校验记录　38. 1 ~ 2min　39. 容积式;齿轮;泵壳;端盖　40. 吸液过程;排液过程　41. 死点;单冲程;活塞;双冲程　42. 取压管路管件严重泄漏　43. 1/3 ~ 2/3

二、选择题

1. C	2. B	3. A	4. B	5. B	6. B	7. A	8. B	9. A	10. C
11. A	12. A	13. C	14. A	15. B	16. A	17. B	18. B	19. B	20. B
21. A	22. B	23. A	24. C	25. C	26. B	27. C	28. C	29. A	30. A
31. A	32. C	33. A	34. A	35. A	36. A	37. B	38. B	39. A	40. C

三、判断题

1. √　2. ×　机泵润滑油加到 $\frac{2}{3}$ 处。　3. √　4. ×　调节离心泵的流量主要靠调节出口阀来实现。　5. √　6. √　7. ×　止回阀不属于切断阀。　8. √　9. √　10. √　11. √

12. √ 13. × 往复泵的流量与排出压力无关。 14. × 齿轮泵是用进口阀调节流量的。 15. √ 16. × 泵的实际流量小于理论流量。 17. √ 18. √ 19. √ 20. × 离心泵的效率随着流量的增大而降低。 21. × 阀门型号“Z41H－6Q”中“Q”表示该阀为球墨铸铁阀。 22. √ 23. √ 24. √ 25. √ 26. × 机泵润滑油加注不超过$\frac{2}{3}$。 27. × 在单位时间内液体经过泵所得到的能量,称为有效功率。 28. √ 29. √ 30. √ 31. √ 32. × 管道设计的管径计算公式是 $D=18.8Q/V$,它是根据体积流量等于体积乘以管道截面积这一原理推导出来的。 33. × 启动离心泵时,必须先关闭出口阀,是为了防止电动机瞬时功率过大而发生烧电机事故。 34. √ 35. × 流量计的精度和测量范围与被测介质的粘度有关。 36. √

四、问答题

1. 答:用来输送液体并直接给液体增加能量的一种机械设备。
2. 答:是指泵在单位时间内排出液体的数量。
3. 答:泵的有效功率与轴功率之比。
4. 答:主要包括:劳动保护管理;安全技术;工业卫生。
5. 答:用来防止受压容器如锅炉、塔类和管道因介质压力超过规定数值而引起破坏的一种阀门。
6. 答:指单位重量的液体经过泵送后所增加的能量,用多少米液柱表示。
7. 答:巡回检查制;岗位责任制;润滑制度;维护保养制。
8. 答:指轮阻损失功率、轴封处摩擦损失功率及轴承间摩擦损失功率之和。
9. 答:容积式流量计;速度式叶轮流量计;压差式流量计;绕流式流量计;电磁流量计;超声波流量计;冲量式流量计;质量流量计。
10. 答:查思想、查纪律、查制度、查领导、查隐患。
11. 答:物体单位面积上所受到的大气压力,是用作计量介质压力大小的单位。
12. 答:可以流动的物体统称为流体,包括液体和气体。
13. 答:在单位时间内通过管子有效横断面的流体量。
14. 答:转子的振幅随转速的增大而增大,到某一转速时振幅达到最大值,超过这一转速后振幅随转速增大而逐渐减少,且稳定于某一范围内,这一转子振幅最大时的转速称为转子的临界转速。
15. 答:表示液体在重力作用下流动时内摩擦力的量度,其值为相同温度下液体的动力粘度与其密度之比,在国际单位中以“m^2/s”表示。
16. 答:在规定条件下,一定体积的试样油品在某温度时,从恩格勒米粘度计的小孔流出200mL 所需要的时间(s)与同体积水在20℃的温度下流出所需时间(s)的比值。
17. 答:表示液体在一定剪切应力下流动时内摩擦力的量度。其值为加于流动液体的剪切应力和剪切速率之比。
18. 答:主要部件有轴、叶轮、泵体、轴承、轴承箱、轴套、密封装置、轴向推力平衡装置、对轮(也称联轴节、联轴器或靠背轮)。

19. 答:泵的密封形式有三种,即盘根箱密封(填料密封)、端面密封(机械密封)和耐油橡胶骨架密封。

20. 答:当启动电机时,离心泵由静止状态上升到最高转速时,其启动电流要比正常运转时大5~7倍,在这种情况下,如果不关闭出口阀,让其增加负荷启动,就有可能引起电机跳闸等事故发生。

21. 答:人的因素和物的因素。

22. 答:安全帽;安全带;安全网;漏电保护器。

23. 答:防止因某种原因停泵后出口阀来不及关,液体倒流,引起转子反转而造成转子上的螺母零件松动、脱落。

24. 答:作用有三点:防止泵内液体漏出泵外;防止泵内负压时外界空气或冷却水吸入泵内;减少泵内各部分间液体窜量。

25. 答:因为离心泵空转时对空气所产生的离心力很小,不足以将空气排出,那么泵体的压力便不会降到大气压下,也就不能将处于一个大气压的液体抽入,所以离心泵在开泵前必须先给离心泵泵体内装满液体。

26. 答:同时设计;同时施工;同时投产。

27. 答:任务有四点:质量缺陷的预防;质量的维持;质量的改进;质量的评定。

28. 答:必须以四点目标为依据:防止人身伤亡;保证财产安全;确保生产顺利进行;预防火灾苗头。

29. 答:压填料或检修机械密封;检查轴承,调整间隙和校核联轴器同心度;检查修理在运行中发现的缺陷、渗漏或更换零件,并紧固各部分螺丝;清扫并修理冷却水系统、封油系统和润滑系统。

30. 答:当高压系统中的压力超过定压值时,会自动把过剩的蒸气或气态介质排放到低压系统或大气中去,以保证设备安全运行,防止事故发生。

31. 答:挡板;罐顶;法兰;环板;横梁;吊杆;合页轴;合页。

32. 答:首先应做好开泵前的准备,如泵的预热等。根据泵的出口流量、压力、电流、液面等有关参数进行切换。原则是先启动备用泵,待各部分正常,压力上升后,慢慢打开出口阀,同时慢慢关闭被切换泵的出口阀,直到被切换泵的出口阀完全关死。

33. 答:泵在单位时间内对流经该泵的液体所作功的大小称为泵的有效功率,常用 N_e 表示。

$$N_e = QH\rho g$$

式中 N_e——泵的有效功率,kW;

Q——泵的流量,m^3/h;

H——泵的扬程,m;

ρ——液体密度,g/cm^3;

g——重力加速度,m/s^2。

34. 答:分析质量问题的危害性;分析产生质量问题的原因;分析应采取的措施。

35. 答:泵的性能参数发生变化:泵的流量减少;泵的扬程降低;泵的轴功率增大;泵的效率降

低;泵所需要的允许气蚀余量增大。

36. 答:当备用泵盘不动车时,就说明泵的轴承箱内或泵体内发生了故障,常见故障有:叶轮被卡死,轴弯曲变形,泵内压力过高等。在这样的情况下,如果压力指示高,则可排压,不然就一定要联系钳工拆泵检查原因,否则一经启动,强大的电机力量带动泵轴强行转动起来,就会损失内部机件,甚至发生抱轴事故,电机也会因负荷过大跳闸或烧毁。

37. 答:原因:填料箱螺栓未上紧或压盖偏斜;填料或端面密封损坏。

处理方法:紧固填料箱螺栓,并调整压盖;更换或添加填料,调整端面密封,防止偏斜。

38. 答:包括两个方面:流体沿管壁运动而引起的沿程损失;流体在运动中遇到的局部阻力所引起的局部损失。

39. 答:管道穿越隧道和小河流时,一般是加厚管壁,增强绝缘。但对较大的河流、铁路、公路以及乡村大路等,除管壁加厚、增强绝缘外,还要加设套管。加设套管的管段又称复壁管。它是在原有的管子外再套上一段直径更大的管子,起保护原油管的作用。原油管穿越河流时,除对原油管加强沥青绝缘和设套管外,在焊死套管堵头后,还要用泥浆车和套管给原油管的环状空间填充高标号固井水泥浆。填充泥浆或在套管试压前,均应先升高原油管内压力,使之超过注浆或套管试压时的最大压力,以免将原油管挤瘪。原油管穿越铁路或公路时,套管内壁不必灌泥浆。先用沥青麻絮或石棉水泥将套管两端堵塞,然后用环状盲板焊死即可。

40. 答:选用合适的泵必须先确定泵的基本参数:

流量:一般取最大流量或正常流量的 1.1 倍;

扬程:一般取正常需要扬程的 1.05 ~ 1.1 倍;

有效气蚀余量:一般为泵的允许气蚀余量的 1.1 ~ 1.3 倍,处于泡点状态时,允许气蚀余量取 1.3 倍;

液面:吸入侧取最低液面,排出侧取最高液面。

在确定上述参数后,根据具体情况选用合适的泵。

41. 答:符合输送介质的流量变化范围;符合输送介质的最大工作压力要求;满足工艺条件如闭路节流、减压、安全放空。

42. 答:泵轴上装有叶轮等配件,在重力的长期作用下会使轴变弯,经常盘车不断改变轴的受力方向,可以使轴的弯曲变形为最小;盘车把润滑油带到轴承各部,防止轴承生锈,而且由于轴承得到初步润滑,紧急状态能马上启动;备用设备每班盘车不少于一次,按机泵运转方向盘车 180°。

43. 答:在正常情况下,油槽中的油面应保持在油标指数的 1/2 ~ 2/3 处。润滑油加得过量时,不但造成润滑油的浪费,而且会引起额外的摩擦阻力,使轴承发热;润滑油加得太少,满足不了需要,机件会由于润滑不足而影响摩擦面之间油膜的生成,增大摩擦阻力,使轴承发热、发烫。

五、计算题

1. 解:$t = V/Q = 50 \div 20 = 2.5(\text{h})$

答:用此泵 2.5h 可将 50m^3 的罐装满。

2. 解:该泵 8h 转油量为:

$G = 892 \times 56 \times 8 = 399616(\text{kg}) = 399.616(\text{t})$

答:该泵 8h 可转油 399.616t。

3. 解:$1\text{mmHg} = 1.3332 \times 10^2\text{Pa}$

$757\text{mmHg} = 757 \times 1.3332 \times 10^2$

$= 1.01 \times 10^5(\text{Pa})$

$p_{绝} = 1.75 \times 10^6 + 1.01 \times 10^5$

$= 1.851 \times 10^6(\text{Pa})$

答:罐内绝对压力是 $1.851 \times 10^6\text{Pa}$。

4. 解:已知 $Q = 54\text{m}^3/\text{h}$,$\rho = 780\text{kg/m}^3 = 0.78\text{g/cm}^3$,$H = 70\text{m}$。

$N_{轴} = QH\rho/367$

$= 54 \times 70 \times 0.78 \div 367$

$= 8.03(\text{kW})$

答:该泵的有效功率是 8.03kW。

5. 解:$1\text{kgf/cm}^2 = 9.80665 \times 10^4(\text{Pa})$

$5\text{kgf/cm}^2 = 9.80665 \times 10^4 \times 5 = 4.903 \times 10^5(\text{Pa})$

答:5kgf/cm^2 等于 $4.903 \times 10^5\text{Pa}$。

6. 解:体积流量 $= 13 \div (30 \times 60) = 0.00722(\text{m}^3/\text{s})$

质量流量 $= 900 \times 0.00722 = 6.5(\text{kg/s})$

答:体积流量是 $0.00722\text{m}^3/\text{s}$,质量流量是 6.5kg/s。

7. 解:由公式 $G = S_{截} v = \pi/4D^2 \cdot v$,可得出口管线平均流速为:

$v = G/(\pi/4D^2)$

$= 30.5 \div [(0.089 - 0.0045 \times 2)^2 \times 0.785 \times 0.8623 \times 3600] = 1.956(\text{m/s})$

答:出口管线的平均流速是 1.956m/s。

8. 解:由公式 $Q = S_{截} v$ 可得该泵体积流量为:

$Q = S_{截} v = \pi(D/2)^2 \cdot v$

$= 3.14 \times (114 - 2 \times 4)^2 \div 4 \times 1.45 \times 3600$

$= 0.106^2 \times 0.785 \times 1.45 \times 3600$

$= 46.042(\text{m}^3/\text{h})$

答:该泵体积流量为 $46.042\text{m}^3/\text{h}$。

9. 解:体积流量 $Q = Sv$

$S = \pi R^2 = \dfrac{\pi D^2}{4} = 0.0066(\text{m}^2)$

$v = 2.5\text{m/s}$

$Q = Sv = 0.0066 \times 2.5 = 0.0166(\text{m}^3/\text{s})$

答:这条输油管道内油品的体积流量为 $0.0166\text{m}^3/\text{s}$。

10. 解:(1)在 10s 内通过的汽油体积:

$0.02 \times 10 = 0.2(\text{m}^3)$

(2)这条汽油输油管道的质量流量:

$G=\rho Q$,而 $Q=0.02(m^3/s)$

$G=710\times0.02=14.2(kg/s)$

答:10s 内通过的汽油体积为 $0.2m^3$,所求质量流量为 14.2kg/s。

11. 解:已知 $\eta=60\%$, $H=367.8m$, $\rho=780kg/m^3=0.78g/cm^3$, $Q=57.6m^3/h$。

$N_{轴}=QH\rho/(367\times\eta)$

$=57.6\times367.8\times0.78\div(367\times60\%)$

$=16524.5\div220.2$

$=75.04(kW)$

答:泵的轴功率为 75.04kW。

12. 解:由 $Q=60Vn\eta_v$ 得:

$n=Q/(60V\eta_v)$

而 $Q=6m^3/h$, $\eta_v=0.9$

$V=\pi D/2^2 s=3.14\times(0.16/2)^2\times0.2$

$=0.004(m^3)$

$n=6\div(0.004\times60\times0.9)=27.8(r/min)$

答:该泵的转速为 27.8r/min。

13. 解:已知 $\rho=750kg/m^3=0.75g/cm^3$, $N_{轴}=49kW$, $\eta=65\%$, $H=80m$。

$N_{有}=N_{轴}\ \eta=49\times0.65=31.85(kW)$

$N_{有}=QH\rho g$

$Q=N_{有}/(H\rho g)$

$=31.85\times1000\div(80\times0.75\times9.87)$

$=53.78(m^3/h)$

答:该泵的实际排量是 $53.78m^3/h$。

14. 解:$N_{电}=N_{轴}/\eta_{传}\times(1+n)$

而 $N_{电}=30kW$, $\eta_{传}=0.87$, $n=0.15$。

$N_{轴}=N_{电}\ \eta_{传}\div(1+n)$

$=30\times0.87\div(1+0.15)$

$=25.3(kW)$

答:该泵的轴功率为 25.3kW。

15. 解:已知 $\Delta p=1.5MPa$, $\rho=800kg/m^3$, $V_1=V_2$。

对高压泵,其扬程可以近似认为等于泵出入口的压力差值

$H=\Delta p/\rho$

$=15\times10^5\div800$

$=187.5$(m 液柱)

答:该泵扬程为 187.5m 液柱。

第二部分　技能操作部分

一、压力表的更换操作

技能项目考核评分表

试题名称		压力表的更换操作			
序号	操作步骤	评分要素	配分	评分标准	安全生产、技术要求
1	准备工作	准备防爆工具	5	缺少工具准备扣5分	准备工作到位
		压力表、四氟塑料带	10	缺一样扣5分	
2	压力表更换操作	关闭压力表接管上的针形阀	20	未关闭针形阀扣20分	拆压力表时要缓慢拆卸；对压力表需检验合格证
		拆表	10	未打开罐扣10分	
		更换压力表	15	更换未合格扣15分	
		慢慢打开针形阀，充压	15	未按规定操作扣15分	
		打开针形阀正常投用	15	投用后未检查扣15分	
3	记录	做好记录	10	未做记录扣10分	
4	安全文明生产及其他	现场作业不得违反安全规定	不配分	按不合格对待	保证人员安全、设备完好
		不野蛮操作和影响整个安全操作	不配分	按不合格对待	
		未发现重大隐患而影响安全生产	不配分	终止考试，按不合格对待	
合　计			100		

二、阀门失灵的处理方法

技能项目考核评分表

试题名称		阀门失灵的处理方法			
序号	操作步骤	评分要素	配分	评分标准	安全生产、技术要求
1	准备工作	准备铜开关钩子	10	缺少准备工作扣10分	准备工作到位
2	原因判断	阀门冻死	10	阀门冻死是人为原因所为扣10分	
		阀芯脱落	10	操作不当扣10分	

续表

试题名称		阀门失灵的处理方法			
序号	操作步骤	评分要素	配分	评分标准	安全生产、技术要求
2	原因判断	有杂物	10	未清理扣10分	
		未及时巡检	10	不认真巡检扣10分	
3	操作	用热水或蒸汽缓慢加热	20	加热介质不当扣20分	
		开阀时不得硬开	20	硬开硬关扣20分	阀门解冻禁止用明火加热
4	记录	做好记录	10	未做记录扣10分	
5	安全文明生产及其他	现场作业不得违反安全规定	不配分	按不合格对待	保证人员安全、设备完好
		不野蛮操作和不影响整个安全操作	不配分	按不合格对待	
		未发现重大隐患而影响安全生产	不配分	终止考试，按不合格对待	
合计			100		

三、离心泵启动前的检查工作

技能项目考核评分表

试题名称		离心泵启动前的检查工作			
序号	操作步骤	评分要素	配分	评分标准	安全生产、技术要求
1	检查设备状况	检查地脚螺栓是否紧固、有无松动	15	未按要求操作扣15分	机油在观油窗的1/2~2/3处 盘车要沿电机运转方向
		检查机油箱内机油是否充足	15	未按要求操作扣15分	
		检查电机是否完好	15	未按要求操作扣15分	
		盘车2~3圈，观察是否有杂音或卡现象	15	未按要求操作扣15分	
2	检查附属设施	检查冷却水是否畅通	10	未按要求操作扣10分	
		检查电流表、压力表是否回零	10	未按要求操作扣10分	
3	检查流程是否畅通	检查工艺流程是否正确无误	20	未按要求操作扣20分	

续表

试题名称		离心泵启动前的检查工作			
序号	操作步骤	评分要素	配分	评分标准	安全生产、技术要求
4	安全文明生产及其他	现场作业不得违反安全规定	不配分	按不合格对待	保证人员安全、设备完好
		不野蛮操作和不影响整个安全操作	不配分	按不合格对待	
		未发现重大隐患而影响安全生产	不配分	终止考试，按不合格对待	
合　计			100		

四、往复泵的启用操作

技能项目考核评分表

试题名称		往复泵的启用操作			
序号	操作步骤	评分要素	配分	评分标准	安全生产、技术要求
1	检查	检查各部位连接与固定螺丝有无松动	10	未检查扣 10 分	
		检查电动泵检查电机接地是否完好	10	未检查扣 10 分	
		检查填料函是否严密	10	未检查扣 10 分	
		检查润滑油油箱是否缺油	10	未检查扣 10 分	
		检查蒸汽压大小	10	未检查扣 10 分	
2	准备	确认泵排出管路上有关流程阀门均已全部打开	10	未确认扣 10 分	
		打开泵的出口阀、压力表阀门	10	未打开扣 10 分	
3	启用	电动泵启动电机开泵，蒸汽泵应先放净汽缸冷凝水，然后徐徐打开进汽阀门	15	未按要求操作扣 15 分	不准泵在空负荷下运转，不准超过额定压力运行，更不准在设备停机前关闭出口阀； 不准用关小进口阀门的方法来调解流量
		调节好流量	15	未按要求操作扣 15 分	

续表

试题名称		往复泵的启用操作			
序号	操作步骤	评分要素	配分	评分标准	安全生产、技术要求
4	安全文明生产及其他	现场作业不得违反安全规定	不配分	按不合格对待	保证人员安全、设备完好
		不野蛮操作和不影响整个安全操作	不配分	按不合格对待	
		未发现重大隐患而影响安全生产	不配分	终止考试，按不合格对待	
合 计			100		

五、离心泵在停电时的处理

技能项目考核评分表

试题名称		离心泵在停电时的处理			
序号	操作步骤	评分要素	配分	评分标准	安全生产、技术要求
1	按停机电钮	按一下停机按钮	30	未按要求操作扣 30 分	执行车间操作规程
2	关闭进出口阀	关闭进出口阀门及相关流程	40	未按要求操作扣 40 分	
3	联系送电	联系相关单位送电，做好电话记录	30	缺一项扣 15 分	
4	安全文明生产及其他	现场作业不得违反安全规定	不配分	按不合格对待	保证人员安全、设备完好
		不野蛮操作和不影响整个安全操作	不配分	按不合格对待	
		未发现重大隐患而影响安全生产	不配分	终止考试，按不合格对待	
合 计			100		

六、离心泵的启用操作

技能项目考核评分表

试题名称		离心泵的启用操作			
序号	操作步骤	评分要素	配分	评分标准	安全生产、技术要求
1	准备工作	检查机泵及其附件是否完好	10	未做到扣10分	准备工作到位
		检查润滑是否正常	10	未检查扣10分	
2	联系工作	联系相关人员(部门)	10	未联系扣10分	大于250kW的机泵启动要联系调度
3	操作	开好转油流程	20	未做到扣20分	
		对泵进行放空	10	未按规定操作扣10分	
		盘车检查	10	未按规定操作扣10分	
		按下启动电钮后慢慢开启泵出口	10	未做到扣10分	
		根据压力、电流调节好流量	10	未按要求操作扣10分	
4	记录	填写记录	10	未做记录扣10分	
5	安全文明生产及其他	现场作业不得违反安全规定	不配分	按不合格对待	保证人员安全、设备完好
		不野蛮操作和不影响整个安全操作	不配分	按不合格对待	
		未发现重大隐患而影响安全生产	不配分	终止考试,按不合格对待	
合计			100		

七、离心泵轴封泄漏处理方法

技能项目考核评分表

试题名称		离心泵轴封泄漏处理方法			
序号	操作步骤	评分要素	配分	评分标准	安全生产、技术要求
1	停泵	按规程停泵	20	未按要求停泵扣20分	准备工作到位
2	切换备用泵	关闭泵进出口阀	20	关阀不及时扣20分	切换泵操作严格执行操作规程
		按规程切换备用泵	20	未切换备用泵扣20分	

续表

试题名称		离心泵轴封泄漏处理方法			
序号	操作步骤	评分要素	配分	评分标准	安全生产、技术要求
3	联系并做好记录	通知班长及值班干部	15	未做到扣15分	各项联系要及时
		联系相关单位进行检修	15	未做到扣15分	
		做好记录	10	未做记录扣10分	
4	安全文明生产及其他	现场作业不得违反安全规定	不配分	按不合格对待	保证人员安全、设备完好
		不野蛮操作和不影响整个安全操作	不配分	按不合格对待	
		未发现重大隐患而影响安全生产	不配分	终止考试，按不合格对待	
合计			100		

八、离心泵启动后的观察操作

技能项目考核评分表

试题名称		离心泵启动后的观察操作			
序号	操作步骤	评分要素	配分	评分标准	安全生产、技术要求
1	观察机泵压力、电流	观察压力和电流波动情况	10	缺一项扣5分	
2	定时巡检	机泵运行每小时应定时检查	20	未巡检扣20分	
		检查时要采用“摸、听、看、闻”	10	未按要求操作扣10分	
3	检查机泵泄漏情况	检查填料泄漏情况	20	未关阀检查扣20分	轻油不大于20滴/min，重油不大于10滴/min
		检查机械密封泄漏情况	10	未采取措施扣10分	轻油不大于10滴/min，重油不大于5滴/min
	检查温度	检查电机温度及轴承温度	20	未检查扣20分	轴承温度不高于65℃，填料函温度不高于60℃

续表

试题名称		离心泵启动后的观察操作			
序号	操作步骤	评分要素	配分	评分标准	安全生产、技术要求
4	记录	详细做好检查记录	10	未做记录扣10分	
5	安全文明生产及其他	现场作业不得违反安全规定	不配分	按不合格对待	保证人员安全、设备完好
		不野蛮操作和不影响整个安全操作	不配分	按不合格对待	
		未发现重大隐患而影响安全生产	不配分	终止考试，按不合格对待	
合计			100		

九、离心泵更换机油操作

技能项目考核评分表

试题名称		离心泵更换机油操作			
序号	操作步骤	评分要素	配分	评分标准	安全生产、技术要求
1	准备工作	准备好所需的工具及需要的机油	10	缺少一项扣5分	
2	操作	放尽脏机油	30	未放干净扣30分	放油时最好选择刚停泵时，温度较高，容易放干净；清洗时要边冲洗边盘车，确保冲洗干净；加机油要保证在观油窗的1/3～1/2之间；更换完要清洁现场
		清洗机油箱	30	未清洗油箱扣30分	
		更换干净机油	20	未按要求更换机油扣20分	
3	记录	做好记录	10	未做记录扣10分	
4	安全文明生产及其他	现场作业不得违反安全规定	不配分	按不合格对待	保证人员安全、设备完好
		不野蛮操作和不影响整个安全操作	不配分	按不合格对待	
		未发现重大隐患而影响安全生产	不配分	终止考试，按不合格对待	
合计			100		

十、离心泵启动后抽不上量的原因

技能项目考核评分表

试题名称		离心泵启动后抽不上量的原因			
序号	操作步骤	评分要素	配分	评分标准	安全生产、技术要求
1	分析原因	流程不对	10	缺少此项分析扣10分	
		管线内有空气	10	缺少此项分析扣10分	
		过滤网堵	10	缺少此项分析扣10分	
		电机反转	10	缺少此项分析扣10分	
2	排除故障	重新核对流程	10	缺少此项排除方法扣10分	严格执行操作规程
		进行放空	10	缺少此项排除方法扣10分	
		清洗过滤网	10	缺少此项排除方法扣10分	
		联系电工调整电机转向	10	缺少此项排除方法扣10分	
3	重新启动	按规程重新启动泵	20	未按要求操作扣20分	
4	安全文明生产及其他	现场作业不得违反安全规定	不配分	按不合格对待	保证人员安全、设备完好
		不野蛮操作和不影响整个安全操作	不配分	按不合格对待	
		未发现重大隐患而影响安全生产	不配分	终止考试，按不合格对待	
合计			100		

十一、阀门的日常维护

技能项目考核评分表

试题名称		阀门的日常维护			
序号	操作步骤	评分要素	配分	评分标准	安全生产、技术要求
1	定时维护和保养	操作工定时保养	20	未按要求操作扣20分	认真执行各项设备操作规程
		交接班认真检查	20	未按要求操作扣20分	
		操作时认真执行操作规程	20	未按要求操作扣20分	

续表

试题名称		阀门的日常维护			
序号	操作步骤	评分要素	配分	评分标准	安全生产、技术要求
1	定时维护和保养	班内发现问题及时处理	20	未按要求操作扣20分	认真执行各项设备操作规程
2	做好各项记录	认真填写各项运行记录及操作记录	20	记录少一项扣10分	
3	安全文明生产及其他	现场作业不得违反安全规定	不配分	按不合格对待	保证人员安全、设备完好
		不野蛮操作和不影响整个安全操作	不配分	按不合格对待	
		未发现重大隐患而影响安全生产	不配分	终止考试，按不合格对待	
合计			100		

十二、阀门的更换操作

技能项目考核评分表

试题名称		阀门的更换操作			
序号	操作步骤	评分要素	配分	评分标准	安全生产、技术要求
1	准备工作	选择合适的阀门	10	未按要求操作扣10分	高空作业要准备好安全带、拆卸阀门的倒链及其他所需的相关工具
		选择合适的工具	10	未按要求操作扣10分	
		选择合适的垫片	10	未按要求操作扣10分	
2	拆除旧阀门	放尽管线内的存油及残压	20	一项未做好扣10分	认真执行操作规程
		按要求拆除旧阀门	10	未按要求操作扣10分	
3	更换新阀门	按要求装上新阀门	40	未按要求操作扣40分	安装时注意手轮的位置、阀门的走向，法兰要对好均匀上紧
4	安全文明生产及其他	现场作业不得违反安全规定	不配分	按不合格对待	保证人员安全、设备完好
		不野蛮操作和不影响整个安全操作	不配分	按不合格对待	
		未发现重大隐患而影响安全生产	不配分	终止考试，按不合格对待	
合计			100		

十三、阀门开不动的处理

技能项目考核评分表

试题名称		阀门开不动的处理			
序号	操作步骤	评分要素	配分	评分标准	安全生产、技术要求
1	检查判断	检查填料压盖是否紧偏	10	未检查扣10分	
		检查阀杆是否弯曲变形	10	未检查扣10分	
		检查阀杆支架轴套是否脱落或锈死	10	未检查扣10分	
		检查阀门是否被冻堵	20	未检查扣20分	
2	维修	调整压盖	10	未按要求操作扣10分	阀门预热时，要防止急剧加热造成阀门破裂
		校正阀杆	10	未按要求操作扣10分	
		更换轴套	10	未按要求操作扣10分	
		缓慢预热处理	20	未按要求操作扣20分	
3	安全文明生产及其他	现场作业不得违反安全规定	不配分	按不合格对待	保证人员安全、设备完好
		不野蛮操作和不影响整个安全操作	不配分	按不合格对待	
		未发现重大隐患而影响安全生产	不配分	终止考试，按不合格对待	
合计			100		

十四、司泵岗位停电时的处理方法

技能项目考核评分表

试题名称		司泵岗位停电时的处理方法			
序号	操作步骤	评分要素	配分	评分标准	安全生产、技术要求
1	停泵	关闭所有运转泵的进口、出口	30	未按要求操作扣30分	若在夜间，应首先拿到手电筒
		按下停机电钮	30	未按要求操作扣30分	

续表

试题名称		司泵岗位停电时的处理方法			
序号	操作步骤	评分要素	配分	评分标准	安全生产、技术要求
2	汇报	通知班长	20	未按要求操作扣20分	通知班长后，应在班长的指挥下配合其他处理
3	记录	详细做好记录	20	记录不清扣20分	
4	安全文明生产及其他	现场作业不得违反安全规定	不配分	按不合格对待	保证人员安全、设备完好
		不野蛮操作和不影响整个安全操作	不配分	按不合格对待	
		未发现重大隐患而影响安全生产	不配分	终止考试，按不合格对待	
合计			100		

十五、离心泵发生抱轴的处理方法

技能项目考核评分表

试题名称		离心泵发生抱轴的处理方法			
序号	操作步骤	评分要素	配分	评分标准	安全生产、技术要求
1	停泵	按下停机电钮	30	未按要求操作扣30分	若不能中断物料，要按规程启动备用泵
		关闭泵的进口、出口	30	未按要求操作扣30分	
2	汇报	通知班长	20	未按要求操作扣20分	
3	配合钳工、电修进行检修	加大冷却水量，降低轴承温度	20	未按要求操作扣20分	
4	安全文明生产及其他	现场作业不得违反安全规定	不配分	按不合格对待	保证人员安全、设备完好
		不野蛮操作和不影响整个安全操作	不配分	按不合格对待	
		未发现重大隐患而影响安全生产	不配分	终止考试，按不合格对待	
合计			100		

十六、离心泵机械密封大量喷油的处理方法

技能项目考核评分表

试题名称		离心泵机械密封大量喷油的处理方法			
序号	操作步骤	评分要素	配分	评分标准	安全生产、技术要求
1	停泵	按下停泵按钮	20	未按要求操作扣20分	有封油的要停封油，高温泵喷油要用蒸汽掩护，防止着火
		关闭泵进口、出口	20	未按要求操作扣20分	
2	启动备用泵	按操作规程启动备用泵	40	未按要求操作扣40分	
3	做好记录	详细做好设备故障记录	20	未按要求操作扣20分	要清理现场油污利于检修
4	安全文明生产及其他	现场作业不得违反安全规定	不配分	按不合格对待	保证人员安全、设备完好
		不野蛮操作和不影响整个安全操作	不配分	按不合格对待	
		未发现重大隐患而影响安全生产	不配分	终止考试，按不合格对待	
合计			100		

十七、更换阀门填料的操作

技能项目考核评分表

试题名称		更换阀门填料的操作			
序号	操作步骤	评分要素	配分	评分标准	安全生产、技术要求
1	准备工作	准备防爆工具、填料	20	缺一项扣10分	准备工作到位
2	操作	按规格选择填料	10	未按要求操作扣10分	填料的切口应切成45度；填料每加一圈，要错开180度，逐圈压紧
		将阀门关紧，打开填料压盖	30	未关紧阀门、打开填料压盖扣30分	
		根据填料的情况，清除旧填料，加新填料	20	对旧填料情况未清楚扣20分	
		加填料后，紧压盖要均匀紧固、松紧适度	10	紧固未按要求扣10分	
3	记录	做好记录	10	未做记录扣10分	

续表

试题名称	更换阀门填料的操作				
序号	操作步骤	评分要素	配分	评分标准	安全生产、技术要求
4	安全文明生产及其他	现场作业不得违反安全规定	不配分	按不合格对待	保证人员安全、设备完好
		不野蛮操作和不影响整个安全操作	不配分	按不合格对待	
		未发现重大隐患而影响安全生产	不配分	终止考试，按不合格对待	
合计			100		

十八、离心泵试车步骤

技能项目考核评分表

试题名称	离心泵试车步骤				
序号	操作步骤	评分要素	配分	评分标准	安全生产、技术要求
1	准备工作	给轴承箱加注润滑油，给上冷却水	10	未按要求操作扣10分	准备工作到位
		打开放空阀放空	10	未按要求操作扣10分	
		进行盘车检查	10	未按要求操作扣10分	
2	启动	启动电机	10	未按规定操作扣10分	观察要采用“摸、听、看、闻”的方法； 如发现压力迅速下降，说明抽不上量，要查找原因，排除故障后重新开泵
		压力稳定后缓慢打开泵出口阀	20	未按规定操作扣20分	
3	观察	观察泵进口、出口压力及电流指示是否正常	20	少一项扣10分	
		检查泵进口、出口温度是否正常	10	未按要求检查扣10分	
		检查机泵填料和机械密封泄漏情况	10	未按要求检查扣10分	
4	安全文明生产及其他	现场作业不得违反安全规定	不配分	按不合格对待	保证人员安全、设备完好
		不野蛮操作和不影响整个安全操作	不配分	按不合格对待	
		未发现重大隐患而影响安全生产	不配分	终止考试，按不合格对待	
合计			100		

十九、泵出口阀内漏堵盲板操作

技能项目考核评分表

试题名称	泵出口阀内漏堵盲板操作				
序号	操作步骤	评分要素	配分	评分标准	安全生产、技术要求
1	准备工作	选择合适的扳手	10	工具选择不合适扣10分	
		选择合适的盲板和垫子	10	一项选择不合适扣5分	
2	放空	关闭泵进口阀、出口阀	10	未按要求操作扣10分	放空要彻底
		打开放空放尽存油	10	未按要求操作扣10分	
3	堵盲板	卸开法兰	10	未按要求操作扣10分	盲板垫子要对正，紧固螺栓要均匀，注意盲板和垫子的位置要正确
		清理法兰面	10	未按要求操作扣10分	
		穿上部分螺栓	10	未按要求操作扣10分	
		放入垫子和盲板	10	未按要求操作扣10分	
		上紧螺栓	10	未按要求操作扣10分	
4	做好记录	做好盲板记录	10	未按要求操作扣10分	
5	安全文明生产及其他	现场作业不得违反安全规定	不配分	按不合格对待	保证人员安全、设备完好
		不野蛮操作和不影响整个安全操作	不配分	按不合格对待	
		未发现重大隐患而影响安全生产	不配分	终止考试，按不合格对待	
合计			100		

二十、离心泵正常维护的主要内容

技能项目考核评分表

试题名称	离心泵正常维护的主要内容				
序号	操作步骤	评分要素	配分	评分标准	安全生产、技术要求
1	检查及处理	检查机泵压力	15	未检查扣15分	严格执行操作规程
		检查电流是否平稳、波动	15	未检查扣15分	
		检查轴承温度是否超标	15	未检查扣15分	

续表

试题名称		离心泵正常维护的主要内容			
序号	操作步骤	评分要素	配分	评分标准	安全生产、技术要求
1	检查及处理	检查润滑油液面在1/2~2/3处	15	未检查扣15分	严格执行操作规程
		检查油质有无乳化现象	15	未检查扣15分	
		备用泵定期盘车	15	未按规定操作扣15分	
2	记录	做好记录	10	未做记录扣10分	
3	安全文明生产及其他	现场作业不得违反安全规定	不配分	按不合格对待	保证人员安全、设备完好
		不野蛮操作和不影响整个安全操作	不配分	按不合格对待	
		未发现重大隐患而影响安全生产	不配分	终止考试，按不合格对待	
合计			100		

二十一、离心泵抽空的原因分析及处理方法

技能项目考核评分表

试题名称		离心泵抽空的原因分析及处理方法			
序号	操作步骤	评分要素	配分	评分标准	安全生产、技术要求
1	原因分析	过滤器堵	10	未按要求分析扣10分	
		罐内液位太低	10	未按要求分析扣10分	
		进口阀开得过小	10	未按要求分析扣10分	
		油温过高	10	未按要求分析扣10分	
2	调整操作	清洗过滤器	10	未按要求操作扣10分	认真执行操作规程
		换高液位罐	10	未按要求操作扣10分	
		开大进口阀	10	未按要求操作扣10分	
		降低油品温度	20	未按要求操作扣20分	
3	重新启动	按启动步骤重新启动泵	10	未按要求操作扣10分	

续表

试题名称		离心泵抽空的原因分析及处理方法			
序号	操作步骤	评分要素	配分	评分标准	安全生产、技术要求
4	安全文明生产及其他	现场作业不得违反安全规定	不配分	按不合格对待	保证人员安全、设备完好
		不野蛮操作和不影响整个安全操作	不配分	按不合格对待	
		未发现重大隐患而影响安全生产	不配分	终止考试，按不合格对待	
合　计			100		

二十二、更换法兰垫子的操作

技能项目考核评分表

试题名称		更换法兰垫子的操作			
序号	操作步骤	评分要素	配分	评分标准	安全生产、技术要求
1	准备工作	准备防爆工具、垫片	10	缺一项扣5分	准备工作到位
2	操作	将管线停用或改走副线，主线前后开关关严，泄压	25	未按规定操作扣25分	法兰面要清理露出水线；对齐新垫子，紧螺栓，均匀对称紧固
		拆卸螺栓，留一两个不取螺母，轻轻撬开法兰面泄压	25	未按规定操作扣25分	
		取下旧垫子	15	未完全取出扣15分	
		安装新垫子，要符合规格规定	15	不符合规定扣15分	
3	记录	做好记录	10	未做记录扣10分	
4	安全文明生产及其他	现场作业不得违反安全规定	不配分	按不合格对待	保证人员安全、设备完好
		不野蛮操作和不影响整个安全操作	不配分	按不合格对待	
		未发现重大隐患而影响安全生产	不配分	终止考试，按不合格对待	
合　计			100		

二十三、阀门日常维护的操作

技能项目考核评分表

试题名称		阀门日常维护的操作			
序号	操作步骤	评分要素	配分	评分标准	安全生产、技术要求
1	检查及处理	检查法兰、密封有无泄漏	20	未检查扣20分	认真执行检修规程
		检查开关、阀门是否正常	20	未检查扣20分	
		检查阀体有无损坏	20	未检查扣20分	
		将常开的阀门做升降试验	20	未做试验扣20分	
		润滑阀杆	10	未润滑阀杆扣10分	
2	记录	做好记录	10	未做记录扣10分	
3	安全文明生产及其他	现场作业不得违反安全规定	不配分	按不合格对待	保证人员安全、设备完好
		不野蛮操作和不影响整个安全操作	不配分	按不合格对待	
		未发现重大隐患而影响安全生产	不配分	终止考试，按不合格对待	
合计			100		

二十四、如何选用泵

技能项目考核评分表

试题名称		如何选用泵			
序号	操作步骤	评分要素	配分	评分标准	安全生产、技术要求
1	油品装卸用泵	选排量较大，扬程较低，离心泵；粘度较大，采用往复泵	20	选错扣20分	根据生产需要、介质性质选择泵
2	油品调和用泵	选大排量，低扬程，离心泵	20	选错扣20分	
3	油品输转用泵	选流量较大、扬程适中的离心泵	20	选错扣20分	

续表

试题名称		如何选用泵			
序号	操作步骤	评分要素	配分	评分标准	安全生产、技术要求
4	输转润滑油	选离心泵或螺杆泵	20	选错扣 20 分	根据生产需要、介质性质选择泵
5	输送化学药剂	选耐腐蚀离心泵	20	选错扣 20 分	
6	安全文明生产及其他	现场作业不得违反安全规定	不配分	按不合格对待	保证人员安全、设备完好
		不野蛮操作和不影响整个安全操作	不配分	按不合格对待	
		未发现重大隐患而影响安全生产	不配分	终止考试，按不合格对待	
合计			100		

二十五、对管线进行水压试验的操作

技能项目考核评分表

试题名称		对管线进行水压试验的操作			
序号	操作步骤	评分要素	配分	评分标准	安全生产、技术要求
1	分段试压	以 1.25 倍工作压力保持 5min	20	未按要求操作扣 20 分	试压时盲板的设置要着眼于试压管线的位置
		用 1 ~ 1.5kg 手锤敲击，检查没有漏湿即合格	20	未按要求操作扣 20 分	
2	总体试压	以 1.25 倍工作压力保持 2h	20	未按要求操作扣 20 分	
		压力下降不超过工作压力的 10% 即合格	20	未按要求操作扣 20 分	
3	记录	做好试压记录	20	未做好记录扣 20 分	
4	安全文明生产及其他	现场作业不得违反安全规定	不配分	按不合格对待	保证人员安全、设备完好
		不野蛮操作和不影响整个安全操作	不配分	按不合格对待	
		未发现重大隐患而影响安全生产	不配分	终止考试，按不合格对待	
合计			100		

二十六、离心泵有压力无流量现象的原因分析及处理方法

技能项目考核评分表

试题名称		离心泵有压力无流量现象的原因分析及处理方法			
序号	操作步骤	评分要素	配分	评分标准	安全生产、技术要求
1	原因判断	泵的扬程不够	10	不明白此项原因扣10分	
		排出管堵塞	10	不明白此项原因扣10分	
		流程倒错	20	不明白此项原因扣20分	
		出口管线冻凝	10	不明白此项原因扣10分	
2	操作	切换扬程较大的泵	10	操作不正确扣10分	原因要判明,处理要正常
		清除管线内杂物	10	操作不正确扣10分	
		检查流程	10	操作不正确扣10分	
		解冻	10	操作不正确扣10分	
3	记录	做好记录	10	未做好记录扣10分	
4	安全文明生产及其他	现场作业不得违反安全规定	不配分	按不合格对待	保证人员安全、设备完好
		不野蛮操作和不影响整个安全操作	不配分	按不合格对待	
		未发现重大隐患而影响安全生产	不配分	终止考试,按不合格对待	
合计			100		

二十七、真空泵在运行时发热的原因分析及处理方法

技能项目考核评分表

试题名称		真空泵在运行时发热的原因分析及处理方法			
序号	操作步骤	评分要素	配分	评分标准	安全生产、技术要求
1	判断原因	供水量不足	10	不明白此项原因扣10分	
		填料过紧	10	不明白此项原因扣10分	

续表

试题名称		真空泵在运行时发热的原因分析及处理方法			
序号	操作步骤	评分要素	配分	评分标准	安全生产、技术要求
1	判断原因	叶轮和泵体间隙过小	10	不明白此项原因扣10分	原因要判明,处理要正常
		零部件安装不正确	10	不明白此项原因扣10分	
		轴弯曲	10	不明白此项原因扣10分	
2	调整操作	增加水量	10	未按要求操作扣10分	
		调整压盖螺栓	10	未按要求操作扣10分	
		调节间隙	10	未按要求操作扣10分	
		重新安装调整	10	未按要求操作扣10分	
		检查校正	10	未按要求操作扣10分	
3	重新启动	按程序重新启动	不配分	如不能重新启动,则终止考试,按不合格对待	
4	安全文明生产及其他	现场作业不得违反安全规定	不配分	按不合格对待	保证人员安全、设备完好
		不野蛮操作和不影响整个安全操作	不配分	按不合格对待	
		未发现重大隐患而影响安全生产	不配分	终止考试,按不合格对待	
合计			100		

二十八、机泵加换机油的操作

技能项目考核评分表

试题名称		机泵加换机油的操作			
序号	操作步骤	评分要素	配分	评分标准	安全生产、技术要求
1	准备工作	扳手	10	未准备扳手扣10分	机油有合格证;经过三级过滤
		机油壶	10	不准备机油壶扣10分	
2	操作	在放油口处放好接油盘	20	未按要求操作扣20分	

续表

试题名称		机泵加换机油的操作			
序号	操作步骤	评分要素	配分	评分标准	安全生产、技术要求
2	操作	放尽废机油并对轴承箱进行冲洗	25	未冲洗扣25分	机油有合格证;经过三级过滤
		加入机油,油位在1/2~2/3处	25	操作不符合要求扣25分	
3	记录	做好记录	10	未做好记录扣10分	
4	安全文明生产及其他	现场作业不得违反安全规定	不配分	按不合格对待	保证人员安全、设备完好
		不野蛮操作和不影响整个安全操作	不配分	按不合格对待	
		未发现重大隐患而影响安全生产	不配分	终止考试,按不合格对待	
合计			100		

二十九、齿轮泵轴功率过大的原因分析及处理方法

技能项目考核评分表

试题名称		齿轮泵轴功率过大的原因分析及处理方法			
序号	操作步骤	评分要素	配分	评分标准	安全生产、技术要求
1	原因判断	泵出口管路不通	10	原因不清扣10分	
		泵内间隙过小	10	原因不清扣10分	
		填料过紧	10	原因不清扣10分	
		泵与轴不同心	10	原因不清扣10分	
		油品粘度过大	5	原因不清扣5分	
2	调整操作	清理出口管路	10	未按要求操作扣10分	认真执行相关操作规程
		调整间隙	10	未按要求操作扣10分	
		调整填料压盖螺栓	10	未按要求操作扣10分	
		校正轴心线	10	未按要求操作扣10分	
		油品加温	5	未按要求操作扣5分	
3	重新启动	按规程重新启动	10	未按要求操作扣10分	

续表

试题名称		齿轮泵轴功率过大的原因分析及处理方法			
序号	操作步骤	评分要素	配分	评分标准	安全生产、技术要求
4	安全文明生产及其他	现场作业不得违反安全规定	不配分	按不合格对待	保证人员安全、设备完好
		不野蛮操作和不影响整个安全操作	不配分	按不合格对待	
		未发现重大隐患而影响安全生产	不配分	终止考试，按不合格对待	
合计			100		

三十、离心泵轴承温度过高的原因分析及处理方法

技能项目考核评分表

试题名称		离心泵轴承温度过高的原因分析及处理方法			
序号	操作步骤	评分要素	配分	评分标准	安全生产、技术要求
1	原因判断	填料压得过紧或偏斜	10	原因不清扣10分	
		轴承安装不良	10	原因不清扣10分	
		轴承缺油或油变质	10	原因不清扣10分	
		轴弯曲或电机与泵不同心	10	原因不清扣10分	
2	调整操作	适当松开填料压盖并重新压填料	10	未按要求操作扣10分	认真执行相关规程
		重新安装轴承	10	未按要求操作扣10分	
		加油或更换润滑油	10	未按要求操作扣10分	
		校正或更换泵轴	10	未按要求操作扣10分	
3	重新启动	按操作规程重新启动	20	未按要求操作扣20分	
4	安全文明生产及其他	现场作业不得违反安全规定	不配分	按不合格对待	保证人员安全、设备完好
		不野蛮操作和不影响整个安全操作	不配分	按不合格对待	
		未发现重大隐患而影响安全生产	不配分	终止考试，按不合格对待	
合计			100		

附录二 “石油化工流体输送单元操作”课程标准

适用专业:石油化工生产技术

建议学时:84 学时

一、课程定位和设计思路

(一)课程定位

石油化工流体输送单元操作是为完成化工生产中化工单元操作岗位工作任务而设置的课程,该课程实践性强,主要学习化工生产中管路的拆装、流体输送设备的开停操作、工艺参数的调节及异常现象处理、设备选型等内容。

该课程在专业知识体系中具有横向支撑“职业资格证”和“毕业证”,纵向承上启下的作用。因为“流体输送单元操作”是化工生产中最重要的操作技能之一,在专业教学中具有十分重要的作用。该课程的学习是培养学生适应化工类及相近企业生产一线岗位需要、获得技能的重要途径。

通过本课程的学习,使学生学会化工生产中管路的布置与安装;管路的基本拆装技术;化工管路的故障诊断;流体输送设备的结构类型、工作原理、性能及选用;流体输送设备的开停操作和流量调节;流体输送设备的无扰动切换操作;流体输送设备的串联、并联操作等能力,重点培养学生的动手操作能力、解决实际问题的能力和工程能力。

(二)设计思路

石油化工流体输送单元操作是高职高专石油化工生产技术专业大部分学生就业后要从事或者涉及的工作内容。本课程的功能是培养学生对化工流体输送操作及对常见实际问题进行分析的能力,在操作过程中熟练使用各种劳动工具的能力,以及个人安全防护的能力。这些都是流体输送操作岗位最为重要和基本的能力,因此本课程在石油化工生产技术专业中处于非常重要的地位,应作为专业必修课程。

本课程立足于实际能力培养,因此对课程内容的选择标准作了根本性改革,围绕化工流体输送岗位的典型工作任务选择课程内容,以更为有效地培养学生实际操作的能力,提高课程内容的实用性与操作任务的相关性。经过行业专家深入、细致、系统地分析,本课程最终确定了以下四个学习情境(项目):化工管路的拆装、离心泵的操作、离心泵的故障分析及处理、其他流体输送机械的操作及维护。

这些学习情境(项目)是以典型设备为线索来设计的。课程内容突出对学生职业能力的训练,理论知识的选取紧紧围绕工作任务完成的需要来进行,同时又充分考虑了高等职业教育对理论知识学习的需要,并融合了相关职业资格证书对知识、技能和态度的要求。

按照情境学习理论的观点，只有在实际情境中学生才可能获得真正的职业能力，并获得理论认知水平的发展，因此本课程要求打破纯粹讲述的教学方式，实施项目教学以改变学与教的行为。这是教学模式的一个重大转变，要有力地推动这一转变，需要以项目为载体来组织课程内容。在项目课程设计中，项目载体设计是一个关键环节。本课程确定了以典型设备作为载体的项目设计思路，在实际的典型项目设计上既有在企业中普遍应用的含义，又有能最为有效地促进学生职业能力发展，达到本课程目标的含义。但化工生产过程中输送的流体种类繁多，性质复杂，必须选择不同种类、不同性能的输送设备来保证流体输送单元操作技能的完整性。不同项目设计的知识和技能要互补，也可以存在交叉，使得流体输送单元操作融合到实际生产过程中，实现知识体系的重构。通过对典型输送设备的提炼，学生能达到具有比较完整的流体输送单元操作的操作技能，可从事各种流体输送的操作岗位工作。

在整门课程内容编排上，要考虑到学生的认知水平，由浅入深地安排课程内容，实现能力的递进。几种典型输送设备的操作从简单到复杂排列，后面的流体输送操作可以用到前面的知识和技能，使学生知识和能力得到巩固和提高。在每个典型输送操作项目内容的编排上，以完成具体工作任务为目标，将完成工作任务与流体输送理论知识的学习融为一体，做到做中教、做中学、边做边教、边做边学。每一个项目结束后，参照相关职业技能鉴定标准进行验收并评定成绩。

本门课程总学时为 84 学时，学分为 5 分。

二、工作任务和课程目标

（一）工作任务

本课程的工作情境是流体输送实训室，所采用的工具为管路安装调试、设备安装维修的常用工具。材料为常用材料及特殊需要的材料。主要岗位为流体输送操作工。

本课程所针对的工作内容主要是对典型流体进行输送操作，具体包括：化工生产中管路的布置与安装；管路的基本拆装技术；化工管路的故障诊断；流体输送设备的结构类型、工作原理、性能及选用；流体输送设备的开、停操作和流量调节；流体输送设备的无扰动切换操作；流体输送设备的串联、并联操作等能力，重点培养学生的动手操作能力、解决实际问题的能力和工程能力。

（二）课程目标

流体输送是化工生产中最常见的单元操作。通过本课程的学习，使学生具备流体输送单元操作必备的理论知识，会管路的设计和安装，流体输送设备的开、停操作，流体输送设备的切换，流量的调节，工艺参数的有效调节及常见异常工况的处理能力。使学生毕业后能满足化工等企业生产一线的需要，成为服务于化工等企业生产一线的高素质技能型专门人才。

1. 能力目标

（1）会化工管路的设计和安装；

（2）会测量仪表的安装、选用；

（3）熟悉流体输送设备的类型、型号，能合理选择及安装；

(4)能进行流体输送设备的操作、运行维护及常见故障处理。

2. 知识目标

(1)了解化工生产中流体输送的方法,化工管路的构成及布置、安装原则;

(2)能运用伯努利方程式确定管道中流体的流量、设备的相对位置、输送机械的功率;

(3)能运用连续性方程式、伯努利方程式、范宁公式进行管路的计算;

(4)了解流体输送设备的作用、类型及特点;

(5)掌握流体输送设备的构造、工作原理及特性;

(6)掌握流体输送设备的选用及安装高度计算。

3. 素质目标

(1)具备良好的爱岗敬业精神。肯于吃苦,乐于奉献,工作主动热情,始终保持旺盛的工作精力。

(2)具备团结协作的精神。诚实守信,与人为善,与人为友,与人合作,善于沟通和交流,共同进步。

(3)具备科学严谨、精益求精的精神。对工作认真负责、一丝不苟,养成实事求是的工作作风。

(4)具有自学能力。有较强的求知欲,坚持不断学习,不断提高自身知识水平,不断提高职业技能。

三、课程内容和教学要求

序号	学习情境	子项目	教学内容与要求	设施、材料	参考学时
1	化工管路的拆装	化工管路的设计与安装	教学内容: (1)会使用连续性方程进行流量、流速计算,估算管子的直径; (2)管件、阀门及测量仪表的安装和选用的基本知识; (3)对常用工具、量具、器具的认识; (4)管路设计基础知识; (5)管路安装实训 教学要求: (1)能识别常用的管件、阀门及测量仪表; (2)会使用常用的劳动工具; (3)具备管路设计、安装的能力; (4)具备测量仪表安装、选用的能力; (5)能进行操作评价,书写报告	(1)多媒体素材库; (2)多种型号的管件、阀门及仪表实物; (3)劳动必需的工具和材料; (4)劳保用品	8

续表

序号	学习情境	子项目	教学内容与要求	设施、材料	参考学时
1	化工管路的拆装	化工管路的检漏与拆装	教学内容： (1)管路试压的操作步骤； (2)管路检漏的方法和操作步骤； (3)管路拆装的原则和方法。 教学要求： (1)会管路的试压操作； (2)能采用正确的检漏方法，及时发现渗漏处； (3)会简单管路的拆装； (4)能熟练使用劳动工具和穿戴劳保用品； (5)能进行操作评价，书写报告	(1)多媒体素材库； (2)多种型号的管件、阀门及仪表实物； (3)劳动必需的工具和材料； (4)劳保用品	8
2	离心泵的操作	流体输送基础知识	教学内容： (1)流体静力学方程式、连续性方程式、伯努利方程式及其应用； (2)摩擦阻力的计算； (3)离心泵的结构、工作原理、主要性能参数及特性曲线。 教学要求： (1)会熟练运用流体静力学方程式、连续性方程式、伯努利方程式解决生产实际问题； (2)掌握离心泵的工作原理、参数控制要点	(1)多媒体素材库； (2)多种型号的离心泵； (3)劳动必需的工具和材料； (4)劳保用品	24
		离心泵的开、停操作及切换操作	教学内容： (1)离心泵的选用； (2)离心泵安装高度的计算； (3)离心泵开、停实训操作。 (4)离心泵切换操作。 教学要求： (1)根据工况，能选用合适的离心泵； (2)会设计计算离心泵的安装高度； (3)能正确启用离心泵； (4)能正确停用离心泵； (5)能正确切换离心泵	(1)多媒体素材库； (2)多种型号的离心泵； (3)劳动必需的工具和材料； (4)劳保用品	12

续表

序号	学习情境	子项目	教学内容与要求	设施、材料	参考学时
2	离心泵的操作	离心泵的流量调节	教学内容： (1)流量计的结构和工作原理； (2)流量计的操作。 教学要求： (1)能熟练进行流量的调节	(1)多媒体素材库； (2)多种型号的离心泵； (3)劳动必需的工具和材料； (4)劳保用品	4
3	离心泵的故障分析及处理	离心泵的故障分析及处理操作	教学内容： (1)拆装离心泵； (2)离心泵的常见故障及处理； (3)离心泵的常见操作事故与防止。 教学要求： (1)会维护保养离心泵； (2)会拆装离心泵； (3)能够进行简单的故障分析及处理； (4)能进行操作评价，会书写报告	(1)多媒体素材库； (2)完整的流体输送单元； (3)劳动必需的工具和材料； (4)劳保用品	12
		离心泵的仿真操作	教学内容： (1)系统仿真概念； (2)学员站使用方法及操作方法； (3)离心泵的仿真操作。 教学要求： (1)掌握仿真系统的使用方法； (2)熟练离心泵的操作(开车、停车及事故处理)	仿真操作实训室	4
4	其他流体输送机械的操作及维护	往复泵的操作及维护	教学内容： (1)往复泵的结构、工作原理和运行特点； (2)往复泵的开、停操作； (3)往复泵操作的常见故障分析及处理方法。 教学要求： (1)了解往复泵的工作原理； (2)会往复泵的开、停操作； (3)能够进行简单的故障分析及处理； (4)能进行操作评价，会书写报告	(1)多媒体素材库； (2)往复泵实体； (3)劳动必需的工具和材料； (4)劳保用品	2

续表

序号	学习情境	子项目	教学内容与要求	设施、材料	参考学时
4	其他流体输送机械的操作及维护	齿轮泵的操作及维护	教学内容： (1)齿轮泵的结构、工作原理和运行特点； (2)齿轮泵的开、停操作； (3)齿轮泵操作的常见故障分析及处理方法。 教学要求： (1)了解齿轮泵的工作原理； (2)会齿轮泵的开、停操作； (3)能够进行简单的故障分析及处理； (4)能进行操作评价,会书写报告	(1)多媒体素材库； (2)齿轮泵实体； (3)劳动必需的工具和材料； (4)劳保用品	2
		旋涡泵的操作及维护	教学内容： (1)旋涡泵的结构、工作原理和运行特点； (2)旋涡泵的开、停操作； (3)旋涡泵操作的常见故障分析及处理方法。 教学要求： (1)了解旋涡泵的工作原理； (2)会旋涡泵的开、停操作； (3)能够进行简单的故障分析及处理； (4)能进行操作评价,会书写报告	(1)多媒体素材库； (2)旋涡泵实体； (3)劳动必需的工具和材料； (4)劳保用品	2
		螺杆泵的操作及维护	教学内容： (1)螺杆泵的结构、工作原理和运行特点； (2)螺杆泵的开、停操作； (3)螺杆泵操作的常见故障分析及处理方法。 教学要求： (1)了解螺杆泵的工作原理； (2)会螺杆泵的开、停操作； (3)能够进行简单的故障分析及处理； (4)能进行操作评价,会书写报告	(1)多媒体素材库； (2)螺杆泵实体； (3)劳动必需的工具和材料； (4)劳保用品	2

续表

序号	学习情境	子项目	教学内容与要求	设施、材料	参考学时
4	其他流体输送机械的操作及维护	其它化工用泵的操作及维护	教学内容： (1)旋涡泵、真空泵的结构、工作原理、运行特点； (2)旋涡泵、真空泵的开、停操作； (3)旋涡泵、真空泵操作的常见故障分析及处理方法； 教学要求： (1)了解旋涡泵、真空泵的工作原理； (2)会旋涡泵、真空泵的开、停操作； (3)能够进行简单的故障分析及处理； (4)能进行操作评价，会书写报告	(1)多媒体素材库； (2)旋涡泵、真空泵实体； (3)劳动必需的工具和材料； (4)劳保用品	2
		压缩机的操作及维护	教学内容： (1)压缩机的结构、工作原理和运行特点； (2)压缩机的开、停操作； (3)压缩机操作的常见故障分析及处理方法。 教学要求： (1)了解压缩机的工作原理； (2)会压缩机的开、停操作； (3)能够进行简单的故障分析及处理； (4)能进行操作评价，会书写报告	(1)多媒体素材库； (2)压缩机实体； (3)劳动必需的工具和材料； (4)劳保用品	2
		鼓风机的操作及维护	教学内容： (1)鼓风机的结构、工作原理和运行特点； (2)鼓风机的操作； (3)鼓风机操作的常见故障分析及处理方法。 教学要求： (1)了解鼓风机的工作原理； (2)会鼓风机的操作； (3)能够进行简单的故障分析及处理； (4)能进行操作评价，会书写报告	(1)多媒体素材库； (2)鼓风机实体； (3)劳动必需的工具和材料； (4)劳保用品	2

四、学习情境描述

学习情境一　化工管路的拆装

专业	石油化工 生产技术	学习 领域	石油化工流体 输送单元操作	学习 情境	化工管路的拆装	教学 时间	第三学期 16 学时
工作 情境描述	根据本项目工作任务单要求详细计划每一个工作过程和步骤，以小组为单位制定一份完成工作任务的实施方案，任务完成后撰写一份工作报告。 本项目所针对的工作内容主要是对化工管路进行拆装操作训练，具体包括：化工生产中管路安装的方法、管路的布置与安装、管路的基本拆装技术、化工管路的故障诊断的实际操作及检修等能力，培养学生分析和解决化工生产过程中管路拆装常见实际问题的能力						
学习任务	(1)化工管路的基本构成； (2)管径的估算； (3)管路的布置与安装； (4)管路的基本拆装技术； (5)化工管路的故障诊断						
与其他情 境的关系	该活动应在学员已经过了岗位认识实习，具备绘制和识别化工制图的基本能力，掌握足够的设备及仪表基本知识，了解化学基本知识和具备一定的安全意识后进行						
学习目标	(1)能力目标： ① 能根据生产任务合理设计管路，正确绘制配管图； ② 能识别管件、阀门及仪表实物； ③ 能根据管路布置图安装化工管路，并能对安装的管路进行试漏、拆卸； ④ 会使用连续性方程进行流量、流速计算，能估算管子的直径； ⑤ 会判断及排除管子及阀门常见故障； ⑥ 能熟练使用劳动工具并穿戴劳保用品； ⑦ 能进行操作评价，并书写报告。 (2)知识目标： ① 了解化工管路的分类，管路的基本构成； ② 掌握化工管路中管件、阀门的种类、规格和连接方法； ③ 熟悉化工管路与机泵拆装常用工具的种类及使用方法； ④ 掌握化工生产中流体输送的方法，管径的估算，化工管路的布置、安装原则； ⑤ 掌握管路连接、拆卸的原理。 (3)素质目标： ① 具有吃苦耐劳、爱岗敬业的职业意识； ② 树立踏实工作、安全第一的职业意识； ③ 培养发现问题、解决问题的能力； ④ 培养自我评价和评价他人的能力； ⑤ 具有环境意识、社会责任感、参与意识						

续表

<table>
<tr><td>专业</td><td>石油化工
生产技术</td><td>学习
领域</td><td>石油化工流体
输送单元操作</td><td>学习
情境</td><td>化工管路的拆装</td><td>教学
时间</td><td>第三学期
16 学时</td></tr>
<tr><td>学习内容</td><td colspan="7">(1)会使用连续性方程进行流量、流速计算,估算管子的直径;
(2)管件、阀门及测量仪表的安装和选用的基本知识;
(3)常用工具、量具、器具的认识;
(4)管路设计基础知识;
(5)管路安装实训;
(6)具备管路设计、安装的能力;
(7)具备测量仪表安装、选用的能力;
(8)能进行操作评价,书写报告;
(9)完整的工作过程:获得信息(工作任务单)——制定计划(确定工作、确定流程)——实施计划(实训操作)——检查(自检、验收、总结与工作过程反馈)</td></tr>
<tr><td>教学条件</td><td colspan="7">多媒体素材库、学材、学习情境设计方案与实施方案,工作任务单,工作记录单,考核单,校内实训基地,校外实训基地,多种型号的管件、阀门及仪表实物,劳动必需的工具和材料及劳保用品</td></tr>
<tr><td>教学方法
组织形式</td><td colspan="7">运用行动导向的教学方法,教师讲解,学生查找资料,独立工作和合作学习相结合,通过小组讨论、和教师谈话培养交流能力</td></tr>
<tr><td>教学流程</td><td colspan="7">(1)项目提出:化工管路的拆装。教师布置任务,帮助学生理解任务要求,寻找、搜集与任务相关的信息,此阶段以教师指导为主。
完成任务所需要的相关知识:化工制图基础知识;化工仪表识别、安装基础知识;化工设备机械基础知识;劳动工具的使用方法;消防安全器具的使用方法。(2 学时)
(2)项目分析:学生 6 人一组,讨论并制定完成工作任务的实施方案;教师考查学生制做的方案,学生听取教师的建议,对方案作出修改,此阶段由教师和学生共同完成。(1 学时)
(3)项目计划:每组汇报各自的实施方案,教师组织大家听取各组的实施方案,分析实施方案的可行性,对于存在的问题提出意见或建议,制定工作计划。(2 学时)
(4)项目实施准备:对化工管路的初步认知;化工图纸的识读与绘制;管件、阀门及测量仪表的学习和掌握。(2 学时)
(5)项目实施及检查:学生根据计划完成化工管路的装配、检漏、拆卸,对异常工况进行分析与处理。此阶段以学生为主体。(8 学时)
(6)评估总结项目实施过程:学生反思工作过程并在小组中交流(还可以选小组代表在全班介绍)。对学习过程进行评价;填写评分表。(1 学时)
贯穿始终的要求:执行安全操作、环境保护及实训室有关的其他规定</td></tr>
<tr><td rowspan="2">对学生基础和教师能力要求</td><td colspan="3">学生基础要求</td><td colspan="4">教师能力要求</td></tr>
<tr><td colspan="3">(1)拥有计算机基础操作能力、数学知识、英语知识、化学知识;
(2)能识读化工设计图;
(3)具有化工仪表基础知识和化工设备基础操作技能;
(4)具有对行业企业劳动组织过程认识</td><td colspan="4">(1)具备化工管路拆装的实践经验;
(2)有化工管路熟练拆装的操作技能;
(3)对石化行业管路新技术应用较熟悉;
(4)具有丰富的教学经验和社会能力、方法能力</td></tr>
</table>

续表

专业	石油化工生产技术	学习领域	石油化工流体输送单元操作	学习情境	化工管路的拆装	教学时间	第三学期 16 学时
学业评价	专业知识考核(理解和掌握)(20%) 技能考核(技能水平、操作规范)(40%) 方法、能力考核(制定计划或报告能力)(15%) 职业素质考核(5S 与出勤执行情况)(15%) 团队精神考核(团队成员平均成绩)(10%)						

学习情境二　离心泵的操作

专业	石油化工生产技术	学习领域	石油化工流体输送单元操作	学习情境	离心泵的操作	教学时间	第三学期 24 学时
工作情境描述	根据本项目工作任务单要求详细计划每一个工作过程和步骤,以小组为单位制定一份完成工作任务的实施方案,任务完成后撰写一份工作报告。 本项目所针对的工作内容主要是对离心泵进行安装、启用、停用操作训练,具体包括:选用离心泵;正确启用离心泵;正确停用离心泵;离心泵的无扰切换、流量调节及组合操作;熟练使用劳动工具并穿戴劳保用品;正确书写报告的能力						
学习任务	(1)离心泵的结构、工作原理、性能参数及特性曲线; (2)离心泵的类型与选用; (3)离心泵的安装和实际操作; (4)离心泵的启用操作; (5)离心泵的停用操作; (6)离心泵的切换、流量调节及组合操作; (7)离心泵的日常保养						
与其他情境的关系	该活动应在学员已经过了岗位认识实习,具备绘制和识别化工制图的基本能力,掌握足够的设备及仪表基本知识,掌握流体输送的基本知识、化学基本知识并具有一定的安全意识后进行						
学习目标	(1)能力目标: ① 根据工况,能选用合适的离心泵; ② 能独立、正确启用离心泵; ③ 能独立、正确停用离心泵; ④ 能独立进行离心泵的切换、流量调节及组合操作; ⑤ 能熟练使用劳动工具并穿戴劳保用品; ⑥ 能进行操作评价,并书写报告。 (2)知识目标: ① 掌握离心泵的结构和工作原理; ② 了解离心泵的主要性能参数; ③ 掌握离心泵的特性曲线及其操作利用; ④ 掌握离心泵安装高度的计算方法及流量调节						

续表

专业	石油化工生产技术	学习领域	石油化工流体输送单元操作	学习情境	离心泵的操作	教学时间	第三学期 24 学时
学习目标	(3)素质目标: ① 具有吃苦耐劳、爱岗敬业的职业意识; ② 树立踏实工作、安全第一的职业意识; ③ 培养发现问题、解决问题的能力; ④ 培养自我评价和评价他人的能力; ⑤ 具有环境意识、社会责任感、参与意识						
学习内容	(1)流体静力学方程式、连续性方程式、伯努利方程式及其应用; (2)摩擦阻力的计算; (3)离心泵的结构、工作原理、主要性能参数及特性曲线; (4)离心泵的选用; (5)离心泵安装高度的计算; (6)离心泵开、停实训操作; (7)离心泵切换及组合操作; (8)流量计的结构和工作原理; (9)流量计的操作; (10)能进行操作评价,书写报告; (11)完整的工作过程:获得信息(工作任务单)——制定计划(确定工作、确定流程)——实施计划(实训操作)——检查(自检、验收、总结与工作过程反馈)						
教学条件	多媒体素材库、学材、学习情境设计方案与实施方案、工作任务单、工作记录单、考核单、校内实训基地、多种型号的离心泵、劳保用品						
教学方法组织形式	运用行动导向的教学方法,教师讲解,学生查找资料,独立工作和合作学习相结合,通过小组讨论、和教师谈话培养交流能力						
教学流程	(1)项目提出:离心泵的操作。教师布置任务,帮助学生理解任务要求,寻找、搜集与任务相关的信息,此阶段以教师指导为主。 完成任务所需要的相关知识:流体输送基础知识;离心泵的结构、工作原理、主要性能参数及特性曲线;劳动工具的使用方法;消防安全器具的使用方法。(2 学时) (2)项目分析:学生 6 人一组,讨论并制定完成工作任务的实施方案;教师考查学生制做的方案,学生听取教师的建议,对方案作出修改,此阶段由教师和学生共同完成。(2 学时) (3)项目计划:每组汇报各自的实施方案,教师组织大家听取各组的实施方案,分析实施方案的可行性,对于存在的问题提出意见或建议,制定工作计划。(2 学时) (4)项目实施准备:准备好所需要的劳动工具和劳保用品;操作说明书;计划书;流体输送基础知识。(4 学时) (5)项目实施及检查:学生根据计划完成离心泵的开、停操作;切换操作;流量计的调节及组合操作。此阶段以学生为主体。(12 学时) (6)评估总结项目实施过程:学生反思工作过程并在小组中交流(还可以选小组代表在全班介绍)。对学习过程进行评价;填写评分表。(2 学时) 贯穿始终的要求:执行安全操作、环境保护及实训室有关的其他规定						

续表

专业	石油化工生产技术	学习领域	石油化工流体输送单元操作	学习情境	离心泵的操作	教学时间	第三学期 24 学时
对学生基础和教师能力要求	学生基础要求			教师能力要求			
	(1)拥有计算机基础操作能力、数学知识、英语知识、化学知识; (2)具有化工仪表基础知识和化工设备基础操作技能; (3)具有对行业企业劳动组织过程认识			(1)熟悉离心泵的相关知识,具有熟练操作离心泵的技能; (2)能熟练使用劳动工具和劳保用品; (3)能熟练判断离心泵的运行故障及处理方法; (4)具有丰富的教学经验和社会能力、方法能力			
学业评价	专业知识考核(理解和掌握)(20%) 技能考核(技能水平、操作规范)(40%) 方法、能力考核(制定计划或报告能力)(15%) 职业素质考核(5S 与出勤执行情况)(15%) 团队精神考核(团队成员平均成绩)(10%)						

学习情境三　离心泵的故障分析及处理

专业	石油化工生产技术	学习领域	石油化工流体输送单元操作	学习情境	离心泵的故障分析及处理	教学时间	第三学期 16 学时
工作情境描述	根据本项目工作任务单要求详细计划每一个工作过程和步骤,以小组为单位制定一份完成工作任务的实施方案,任务完成后撰写一份工作报告。 本项目所针对的工作内容主要是对离心泵进行日常维护,发现问题并能及时解决问题的操作训练,具体包括:离心泵气蚀现象和气缚现象、离心泵的安装高度调节、流量自动调节控制基本原理;离心泵运行常见问题的分析及排除;熟练使用劳动工具并穿戴劳保用品;正确书写报告,培养学生分析和解决化工生产过程中离心泵运行常见实际问题的能力						
学习任务	(1)离心泵的日常运行与维护; (2)离心泵常见设备故障及处理; (3)离心泵常见操作事故与防止; (4)离心泵的仿真操作						
与其他情境的关系	该活动应在学员已经掌握离心泵的基础知识,具备独立进行离心泵的开、停操作基本能力,掌握足够的设备及仪表基本知识,掌握化学基本知识并具有一定的安全意识后进行						
学习目标	(1)能力目标: ① 会维护保养离心泵; ② 能分析离心泵故障发生的原因并排除; ③ 熟练掌握离心泵的仿真操作; ④ 能进行操作评价,并书写报告						

专业	石油化工生产技术	学习领域	石油化工流体输送单元操作	学习情境	离心泵的故障分析及处理	教学时间	第三学期 16 学时
学习目标	(2)知识目标: ① 了解离心泵的气蚀现象、气缚现象产生的原因及现象; ② 了解各设备的结构及工作原理; ③ 掌握设备拆装的方法; ④ 掌握离心泵常见操作事故与防止。 (3)素质目标: ① 具有吃苦耐劳、爱岗敬业的职业意识; ② 树立踏实工作、安全第一的职业意识; ③ 培养发现问题、解决问题的能力; ④ 培养自我评价和评价他人的能力; ⑤ 具有环境意识、社会责任感、参与意识						
学习内容	(1)拆装离心泵; (2)离心泵的常见故障判断及处理; (3)离心泵的常见操作事故与防止; (4)学员站使用方法及操作方法; (5)离心泵的仿真操作; (6)具备测量仪表安装、选用的能力; (7)能进行操作评价,书写报告; (8)完整的工作过程:获得信息(工作任务单)——制定计划(确定工作、确定流程)——实施计划(实训操作)——检查(自检、验收、总结与工作过程反馈)						
教学条件	多媒体素材库、学材、学习情境设计方案与实施方案、工作任务单、工作记录单、考核单、校内实训基地、已安装的离心泵及管路、劳动必需的工具和材料、劳保用品						
教学方法组织形式	运用行动导向的教学方法,教师讲解,学生查找资料,独立工作和合作学习相结合,通过小组讨论、和教师谈话培养交流能力						
教学流程	(1)项目提出:离心泵的故障分析及处理。教师布置任务,帮助学生理解任务要求,寻找、搜集与任务相关的信息,此阶段以教师指导为主。 完成任务所需要的相关知识:流体输送基础知识;离心泵安装及运行基础知识;化工设备机械基础知识;劳动工具的使用方法;消防安全器具的使用方法。(1 学时) (2)项目分析:学生 6 人一组,讨论并制定完成工作任务的实施方案;教师考查学生制做的方案,学生听取教师的建议,对方案作出修改,此阶段由教师和学生共同完成。(1 学时) (3)项目计划:每组汇报各自的实施方案,教师组织大家听取各组的实施方案,分析实施方案的可行性,对于存在的问题提出意见或建议,制定工作计划。(2 学时) (4)项目实施准备:将离心泵及管路连接好;设置故障;准备劳动工具。(3 学时) (5)项目实施及检查:人为设置故障,让学生利用所学知识排除故障,直至离心泵运行正常。此阶段以学生为主体。(8 学时) (6)评估总结项目实施过程:学生反思工作过程并在小组中交流(还可以选小组代表在全班介绍)。对学习过程进行评价;填写评分表。(1 学时) 贯穿始终的要求:执行安全操作、环境保护及实训室有关的其他规定						

续表

专业	石油化工生产技术	学习领域	石油化工流体输送单元操作	学习情境	离心泵的故障分析及处理	教学时间	第三学期16学时
对学生基础和教师能力要求	学生基础要求			教师能力要求			
	(1)知道离心泵的结构及运行特点; (2)会离心泵的常规操作; (3)能熟练使用劳动工具和读取仪表读数; (4)具有对行业企业劳动组织过程认识			(1)能设置故障,并能解决离心泵运行过程中的各种疑难问题; (2)能熟练拆装离心泵; (3)对离心泵、仪表、劳动工具的应用较熟悉; (4)具有丰富的教学经验和社会能力、方法能力			
学业评价	专业知识考核(理解和掌握)(20%) 技能考核(技能水平、操作规范)(40%) 方法、能力考核(制定计划或报告能力)(15%) 职业素质考核(5S与出勤执行情况)(15%) 团队精神考核(团队成员平均成绩)(10%)						

学习情境四　其他流体输送机械的操作及维护

专业	石油化工生产技术	学习领域	石油化工流体输送单元操作	学习情境	其他流体输送机械的操作及维护	教学时间	第三学期28学时
工作情境描述	根据本项目工作任务单要求详细计划每一个工作过程和步骤,以小组为单位制定一份完成工作任务的实施方案,任务完成后撰写一份工作报告。 本项目所针对的工作内容主要是对往复泵、齿轮泵、旋涡泵、螺杆泵、真空泵、压缩机、鼓风机进行安装、启用操作、停用操作、日常维护、发现问题并能及时解决问题的操作训练,具体包括:往复泵、齿轮泵、旋涡泵、螺杆泵、真空泵、压缩机、鼓风机的开、停车操作;往复泵、齿轮泵、旋涡泵、螺杆泵、真空泵、压缩机、鼓风机的流量调节操作;往复泵、齿轮泵、旋涡泵、螺杆泵、真空泵、压缩机、鼓风机的日常维护;往复泵、齿轮泵、旋涡泵、螺杆泵、真空泵、压缩机、鼓风机运行常见问题分析及处理;熟练使用劳动工具并穿戴劳保用品;正确书写报告						
学习任务	(1)往复泵、齿轮泵、旋涡泵、螺杆泵、真空泵、压缩机、鼓风机的结构、工作原理及运行参数; (2)往复泵、齿轮泵、旋涡泵、螺杆泵、真空泵、压缩机、鼓风机的开车、停车操作; (3)往复泵、齿轮泵、旋涡泵、螺杆泵、真空泵、压缩机、鼓风机的流量调节操作; (4)往复泵、齿轮泵、旋涡泵、螺杆泵、真空泵、压缩机、鼓风机运行常见问题分析与处理						
与其他情境的关系	该活动应在学员已经学会了管路的拆装及离心泵的操作,具备管路的设计及安装,熟练操作离心泵的基本能力,掌握足够的设备及仪表基本知识,掌握化学基本知识并具备一定的安全意识后进行						

续表

<table>
<tr><td>专业</td><td>石油化工生产技术</td><td>学习领域</td><td>石油化工流体输送单元操作</td><td>学习情境</td><td>其他流体输送机械的操作及维护</td><td>教学时间</td><td>第三学期
28 学时</td></tr>
<tr><td>学习目标</td><td colspan="7">(1)能力目标:
① 能进行往复泵、齿轮泵、旋涡泵、螺杆泵、真空泵、压缩机、鼓风机的开、停车操作;
② 能进行往复泵、齿轮泵、旋涡泵、螺杆泵、真空泵、压缩机、鼓风机的流量调节操作;
③ 会维护保养往复泵、齿轮泵、旋涡泵、螺杆泵、真空泵、压缩机、鼓风机;
④ 能够进行简单的故障分析及处理;
⑤ 能熟练使用劳动工具并穿戴劳保用品;
⑥ 能进行操作评价,并书写报告。
(2)知识目标:
了解往复泵、齿轮泵、旋涡泵、螺杆泵、真空泵、压缩机、鼓风机的应用,熟悉其结构、原理及使用维护。
(3)素质目标:
① 具有吃苦耐劳、爱岗敬业的职业意识;
② 树立踏实工作、安全第一的职业意识;
③ 培养发现问题、解决问题的能力;
④ 培养自我评价和评价他人的能力;
⑤ 具有环境意识、社会责任感、参与意识</td></tr>
<tr><td>学习内容</td><td colspan="7">(1)往复泵、齿轮泵、旋涡泵、螺杆泵、真空泵、压缩机、鼓风机的结构、工作原理及运行参数;
(2)往复泵、齿轮泵、旋涡泵、螺杆泵、真空泵、压缩机、鼓风机的开、停车操作;
(3)往复泵、齿轮泵、旋涡泵、螺杆泵、真空泵、压缩机、鼓风机的流量调节操作;
(4)往复泵、齿轮泵、旋涡泵、螺杆泵、真空泵、压缩机、鼓风机运行常见问题分析与处理;
(5)具备测量仪表安装、选用的能力;
(6)能进行操作评价,书写报告;
(7)完整的工作过程:获得信息(工作任务单)——制定计划(确定工作、确定流程)——实施计划(实训操作)——检查(自检、验收、总结与工作过程反馈)</td></tr>
<tr><td>教学条件</td><td colspan="7">多媒体素材库、学材、学习情境设计方案与实施方案、工作任务单、工作记录单、考核单、校内实训基地、校外实训基地、多种型号化工泵实物、劳动必需的工具和材料、劳保用品</td></tr>
<tr><td>教学方法
组织形式</td><td colspan="7">运用行动导向的教学方法,教师讲解,学生查找资料,独立工作和合作学习相结合,通过小组讨论、和教师谈话培养交流能力</td></tr>
<tr><td>教学流程</td><td colspan="7">(1)项目提出:其他化工用泵的操作及维护。教师布置任务,帮助学生理解任务要求,寻找、搜集与任务相关的信息,此阶段以教师指导为主。
完成任务所需要的相关知识:流体输送基础知识;泵的结构、工作原理、主要性能参数;管路安装操作技能;劳动工具的使用方法;消防安全器具的使用方法。(2 学时)
(2)项目分析:学生 6 人一组,讨论并制定完成工作任务的实施方案;教师考查学生制做的方案,学生听取教师的建议,对方案作出修改,此阶段由教师和学生共同完成。(2 学时)</td></tr>
</table>

续表

专业	石油化工生产技术	学习领域	石油化工流体输送单元操作	学习情境	其他流体输送机械的操作及维护	教学时间	第三学期 28 学时
教学流程	(3)项目计划:每组汇报各自的实施方案,教师组织大家听取各组的实施方案,分析实施方案的可行性,对于存在的问题提出意见或建议,制定工作计划。(2 学时) (4)项目实施准备:准备好所需要的劳动工具和劳保用品;操作说明书;计划书;流体输送基础知识。(4 学时) (5)项目实施及检查:学生根据计划完成泵的开、停操作及切换操作,流量计的调节。此阶段以学生为主体。(16 学时) (6)评估总结项目实施过程:学生反思工作过程并在小组中交流(还可以选小组代表在全班介绍)。对学习过程进行评价;填写评分表。(2 学时) 贯穿始终的要求:执行安全操作、环境保护及实训室有关的其他规定						
对学生基础和教师能力要求	学生基础要求			教师能力要求			
	(1)知道其他流体输送机械的结构及运行特点; (2)会其他流体输送机械的常规操作; (3)能熟练使用劳动工具并正确读取仪表读数; (4)具有对行业企业劳动组织过程认识			(1)熟悉其他流体输送机械的相关知识,具有熟练操作技能; (2)能熟练使用劳动工具和劳保用品; (3)能熟练判断泵的运行故障及处理方法; (4)具有丰富的教学经验和社会能力、方法能力			
学业评价	专业知识考核(理解和掌握)(20%) 技能考核(技能水平、操作规范)(40%) 方法、能力考核(制定计划或报告能力)(15%) 职业素质考核(5S 与出勤执行情况)(15%) 团队精神考核(团队成员平均成绩)(10%)						

五、实施建议

(一)教学建议

(1)在教学过程中,应立足于加强学生实际操作能力的培养,采用项目教学,以工作任务引领,努力提高学生的学习兴趣,激发学生的成就动机。

(2)本课程教学的关键是通过典型的活动项目,由教师组织学生进行实训,注重“教”与“学”的互动,让学生在实训中学习理论知识,培养职业能力。

(3)在教学过程中,要创设工作情境,要紧密结合流体输送操作职业技能证书的考取,加强考证的实操项目的训练,在实践实操过程中,使学生掌握化工流体输送操作的全过程,提高学生对流体输送操作岗位的适应能力。

(4)在教学过程中,要广泛应用图片、flash 动画等帮助学生理解实训操作过程及注意事项。

(5)在教学过程中，要加强安全教育，提高安全意识，培养学生严谨的工作态度。

(二)学生评价、考核要求建议

(1)本课程教学过程以学生为主体，因此考核要以形成性考核为主，重在考查学生在工作任务中表现出来的能力。因此在原有平时成绩(考勤、课堂纪律、回答问题、完成作业)的基础上，增加对学生完成项目的过程和结果的评价。

(2)在期末设置期末考试，对课程应掌握的重要知识和能力进行综合性考核，重在考查学生运用知识解决实际问题的能力。

教学评价的主要内容和权重如下表;

评价内容		权重	小计
常规评价	课堂纪律	5	100
	回答提问	5	
	作业及预习	5	
	出勤	5	
项目评价	职业规范	10	
	操作熟练	30	
	发现问题、解决问题能力	20	
期末理论考试(联系生产实际问题、职业技能证书考核中“应知”内容)		20	

(三)教材编写建议

本课程基于典型流体输送操作，现有的《化工原理》、《化工设备操作》等书籍不能满足本课程教学的需要，因此要编写基于工作过程的《石油化工流体输送单元操作》项目化教材。

教材编写要求如下:

(1)要以典型流体输送操作作为主线，按照操作规程编排。

(2)内容要涵盖石油化工流体输送的主要知识和技能，包括化工管路的拆装、离心泵的操作、离心泵的故障分析及处理、其他流体输送机械的操作及维护等项目。

(3)结合流体输送操作工职业技能证书的考证要求。

(四)课程资源开发与利用建议

(1)利用现代信息技术开发多媒体课件，建设网络课堂，方便学生课余自学。

(2)充分利用实训室工具和设备，使同学们在操作过程中训练能力，掌握新知识。

(3)充分利用校外实训基地，满足学生参观、实训和毕业实习的需要，并在合作中关注学生职业能力的发展和教学内容的调整。

(4)通过仿真软件，使同学们熟练进行石油化工流体输送的仿真操作。

(5)积极利用电子书籍、电子期刊、数字图书馆、各大网站等网络资源，使教学内容从单一化向多元化转变，使学生知识和能力的拓展成为可能。

(五)其他说明

(1)本课程为理论实践一体化课程,融合了实训和仿真操作。文献查询、仿真操作、管路设计需要在化工仿真实验室进行,并安装相应的仿真软件、管路设计软件等。实验实训要在学校实训室或企业完成,并配备相应的小试装置及中试装置。

(2)在中试装置实施过程中,可利用现有实验实训条件穿插对学习本部分内容有帮助的小项目。

(3)学生在第二课堂可通过仿真软件和其他资源自主学习。

六、教材与参考资料

(一)教材

吴红主编. 化工单元过程与操作(高职高专“十一五”规划教材). 北京:化学工业出版社,2008.

(二)参考书

张宏丽,周长丽等编. 化工原理. 北京:化学工业出版社,2007.

刘光临主编. 流体输送. 北京:水利电力出版社,2003.

(美)塞埃编. 流体流动手册. 邓敦夏译. 北京:中国石化出版社,2004.

(三)参考杂志

《现代化工》、《石油炼制与化工》、《炼油设计与工程》、《化工学报》。

(四)参考网站

http://www. zjut - hgyl. com/

http://oa. gdut. edu. cn/hgyl/

附录三　部分管材规格

一、无缝钢管规格

公称直径 DN, mm	实际外径 mm	管壁厚度						
		$pN=16$	$pN=25$	$pN=40$	$pN=64$	$pN=100$	$pN=160$	$pN=200$
15	18	2.5	2.5	2.5	2.5	3	3	3
20	25	2.5	2.5	2.5	2.5	3	3	4
25	32	2.5	2.5	2.5	3	3.5	3.5	5
32	38	2.5	2.5	3	3	3.5	3.5	6
40	45	2.5	3	3	3.5	3.5	4.5	6
50	57	2.5	3	3.5	3.5	4.5	5	7
70	76	3	3.5	3.5	4.5	5	6	9
80	89	3.5	4	4	5	6	7	○
100	103	4	4	4	6	6	12	13
125	133	4	4	4.5	6	7	13	17
150	159	4.5	4.5	5	7	10	17	—
200	219	6	6	7	10	13	21	—
250	273	8	7	8	11	16	—	—
300	325	8	8	9	12	—	—	—
350	377	9	9	10	13	—	—	—
400	426	9	10	12	15	—	—	—

注：表中公称压 pN 的单位为 kgf/cm^2，$1kgf/cm^2=98.1kPa$。

二、水、煤气钢管（有缝钢管）

公称直径 DN		实际外径, mm	壁厚, mm	
in	mm		普通级	加强级
1/4	8	13.50	2.25	2.75
3/8	10	17.00	2.25	2.75
1/2	15	21.25	2.75	3.25

续表

公称直径 DN		实际外径,mm	壁厚,mm	
in	mm		普通级	加强级
3/4	20	26.75	2.75	3.50
1	25	33.50	3.25	4.00
1¼	32	42.25	3.25	4.00
1½	40	48.00	3.50	4.25
2	50	60.00	3.50	4.50
2½	70	75.50	3.75	4.50
3	80	88.50	3.75	4.75
4	100	114.60	4.00	5.00
5	125	140.00	4.00	5.50
6	150	165.00	4.50	5.50

参 考 文 献

1 姜大源．当代德国职业教育主流教学思想研究[M]．北京:清华大学出版社,2007.

2 欧盟 Asia—Link 项目“关于课程开发的课程设计”课题组编．学习领域课程开发手册[M]．北京:高等教育出版社．2007.

3 Felix Rauner. 职业教育与培训——学习领域课程开发手册[M]．北京:高等教育出版社,2007.

4 赵志群．职业教育工学结合课程的两个基本特征[J]．教育与职业,2007(30).

5 戴士弘编．职业教育课程教学改革．北京:清华大学出版社,2007.

6 张宏丽,周长丽等编．化工原理．北京:化学工业出版社,2007.

7 刘光临主编．流体输送．北京:水利电力出版社,2003.

8 (美)塞埃编．流体流动手册．邓敦夏译．北京:中国石化出版社,2004.

9 吴红主编．化工单元过程与操作(高职高专“十一五”规划教材)．北京:化学工业出版社,2008.

10 谭天恩,麦本熙,丁惠华编著．化工原理(上册)．北京:化学工业出版社,1990.

11 王志魁编．化工原理．北京:化学工业出版社,1991.

12 李云倩编．化工原理(上册)．北京:中央广播电视大学出版社,1991.

13 陈敏恒等编．化工原理(上册)．北京:化学工业出版社,1985.

14 蒋维钧等编．化工原理(上册)．北京:清华大学出版社,1992.

15 天津大学化工原理教研室编．化工原理(上册)．天津:天津科学技术出版社,1989.

16 国家医药管理局上海医药设计院编．化工工艺设计手册(上、下册)．北京:化学工业出版社,1989.

17 King C. J. Separation Processes. 2nd ed. New York: Mc Graw－Hill, 1980.